体験設計

ビジョンから優れた経験価値の創出へ

高橋克実 著

Interfit Experience Design

Katsumi Takahashi

丸善出版

はじめに

普段の生活の中で、うれしい経験をしたとか楽しい経験をしたとかがあると思います。しかし、新たな経験は日々続けられると日常に溶け込み、記憶に残らなくなったりもしますが、よく覚えているのは二度としたくないつらい経験だったり悲しい経験だったりだと思います。経験は偶然であれ意図的であれ、より幸せになれることを望みます。普段から日常の些細なことからでもすべてのことがうれしい経験となるようにしていきたいものです。このことはあらゆるビジネスにも通じることで、そのビジネスが生み出す価値が多くの人のうれしい経験となるようにすることがこれから求められると思います。そうした考え方に基づいてデザイン・設計の立場で考えていきます。

私は1972年から工学部の工業意匠科でデザインの世界での学びをスタートしました。デザイナーとなるための学びを始めたとき、GKデザインから講師に来ていた曽根靖史氏から進められて読んだビクター・パパネックの『生きのびるためのデザイン』[8] に大きな刺激を受けたことを記憶しています。彼はその著書の中、デザインとはで、「人は誰でもデザイナーである。ほとんどどんな時でも我々のすることはすべてデザインだ。デザインは人間の活動の基礎だからである。ある行為を望ましい予知できる目標へ向けて計画し、整えるということが、デザインのプロセスの本質である。デザインを孤立化して考えること、あるいは物自体とみることは、生の根源的な母体としてのデザインの本質的価値をそこなうことである。デザインとは、意味ある秩序状態を創り出すために意識的に努力することである。」と言っています。

1976年から私はデザインビジネスの世界へ飛び込みました。デザイン会社の一員として、オーディオ、家具、日常生活品、産業機器など様々な分野のプロダクトデザインに携わり、その経験を活かして1981年に独立して、デザイン会社の経営者となりました。暫くして、アップルのマッキントッシュが登場し、デザインの領域でもCAD化の流れが始まりました。そこから約40年間多岐にわたる分野の製品開発、ユーザーインタフェース開発、WEBソリューション開発の依頼を受け、成果を提出し続けてきました。その中では時代の主流をなす業種、業界もどんどん変わっていき、家具家電などの生活に密着したプロダクトからカーナビやケータイのデジタル化のインタフェース、産業機器のIoT（Internet of Things）化やDX（Digital Transformation）化に伴う変革などがありました。いつの時代も変わらず携わっているのは健康・医療関連の開発でした。

創業当初は製品の色や形であったデザインの世界は、少しずつユーザビリティやグラフィカルユーザーインタフェースとそのフレームワークの構想設計が増え、多岐にわたる分野のコンセプトデザインも加わり、ビジネスのデザインへと変化してきました。最近では事業そのもののビジネスモデルやイノベーションに挑戦するためにコンセプトを証明するプロトタイピングと、その評価にまで及んできています。

こうした経緯の中で、10年前に日本人間工学会アーゴデザイン部会の6人のメンバーで執筆をした『EXPERIENCE VISION』の考え方に基づき、体験設計の啓蒙を続けています。この活動はセミナーやワークショップなどによる指導だけでなく、クライアント業務を通じて実践していくことで、デザイン的思考によるビジネスの展開において「体験設計」が重要な役割を果たしていることを立証してきました。

また、この設計論はUX（User Experience）やHCD（Human Centered Design）のように海外の考え方を受け入れた輸入理論や輸入手法ではなく、日本において昔からあるものづくりや、日本社会の仕組みづくりの中に古くから存在していた概念であると感じています。その意味から、あえて日本語の「体験設計」の言葉を使っています。ただ、この概念は、海外の優秀な学者が構築したような理論や方法論として体系化された形では伝わってはいないため、多くの人がこれを意識していないのではないかと感じています。もちろん、UXやHCDの考え方が入ってきたことで、そうした考え方に様々な分野の多くの企業人が注目を向けたことは間違いありません。そこで、この日本的概念をさらに前進させるために、これまで意識のなかった日本の「体験設計」に着目して、さらに多くの人々と議論を重ねて、実践を伴った理論に高めて、実際の経営に役立てていくことが必要であると考えて、本書の執筆に至りました。

「体験設計」は読んで字のごとく「体験」を「設計（デザイン）」するわけですから、すべての人が体験して、経験を得るすべての事や物に関与できると考えています。自らの感性で自らの思いを形として外に表そうとする創造行為はアートですが、誰かに何らかの目的をもって、何かの経験を提供しようとする創造行為はすべての人が行っている体験設計ではないでしょうか。体験設計は価値創造を目的に意図的に企てられた未来の事象連携を創造する行為です。これまでに映像や音響など様々な分野のコンピュータによるデジタル化がなされましたが、いま推し進められているDXは日常生活の隅々にまでデジタル化の恩恵を届けようとする製品、システム、サービスの変革です。DX化は「もの」に関わる部分だけでなく、制度の仕組みで運用する行政や人によって営まれている介護や福祉、金融や保険といったサービスの内容にまで及んできています。このようにDXだけでなく、科学技術や環境変動で大きく変化していこうとする人の「体験」を「設計」することは、これから不可欠となることは間違いありません。そして、体験設計は新しい技術や新しい考え方を社会に根づかせるためにも最良の設計理論であると確信しています。また、ものづくりだけでなく、ソフトウェア開発やWebサービス開発、そして様々な人によるサービスビジネスへの可能性を秘めていると考えています。例えば、COVID19のワクチンの接種を望む多くの人々にいかに短期間で効率よくこれを行うかを計画し、実施することも正に体験設計で行う領域です。世界規模で対応を迫られるSDGsやパンデミックによって一変しようとしているNew Normalな生活を人々の「体験」の様々なレベルで魅力的で新しい「設計」を試みることが、これからの未来に求められます。

本書ではビジネスの未来を見据えた設計（デザイン）の視点に基づいた思考を手掛かりに、「体験設計」についての考え方や実践する上でのマネージメント的な視点などを提示します。さらに後半では実践手法を『EXPERIENCE VISION』の新しいフレームワークを中心に解説し、例題を通じて、ツールなどを紹介しつつ理解を深めていきます。そして、この体験設計を実際に行って生まれた事例を、体験設計支援コンソーシアム（CXDS・Consortium for Experience Design Support）の協力を得て紹介することで、体験設計の意義と効果を多くの人に伝えていきたいと思っています。

2021年 師走

髙 橋 克 実

本書の構成について

本書は体験設計を多くの人が理解し実践するために、要点を絞って明快に構成しています。その構成について以下にまとめましたので参考にしてください。

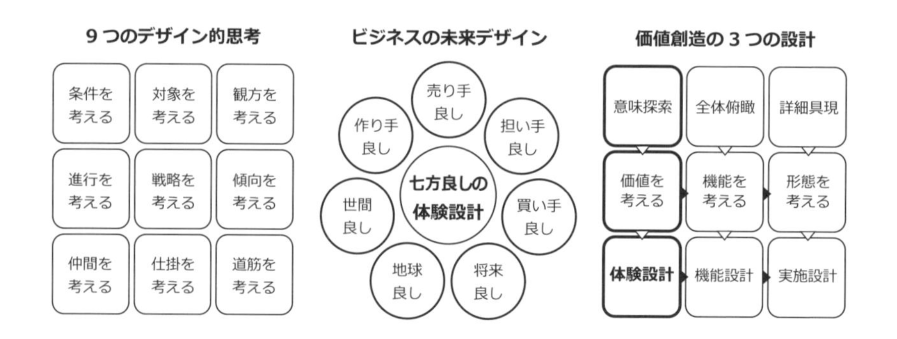

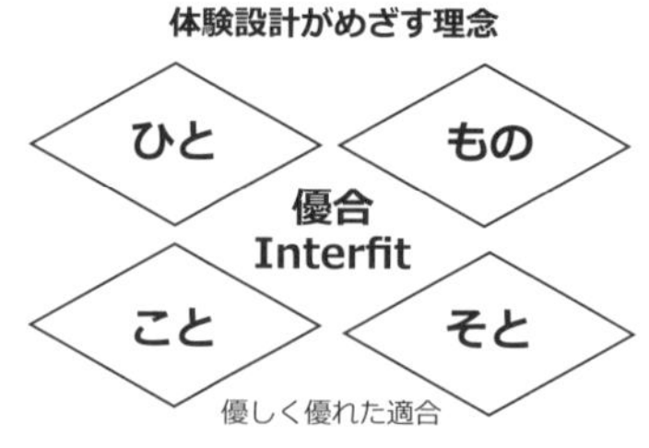

もくじ

Chapter 1
ビジネスの未来デザイン

産業や経済を支えるビジネスの活動の中で、昨今、デザインという言葉が多く取り上げられるようになっています。ティム・ブラウンの『デザイン思考が世界を変える』[42] に代表されるように経営に関わる考え方にデザインの世界のクリエイティブな考え方が影響を与えています。

また、世界の多くの研究者が産業や経済だけでなく、人類の未来を考えた創造活動に対して様々な示唆を与えています。私たちはこうした多くの示唆の中から学び、実践できる未来のための考え方を会得する必要が出てきています（図1-1）。特にビジネスの未来デザインは産業や経済の発展だけでなく、世界の人々の暮らしの営みに影響する社会や環境を大きく変えていくことになります。いま、COVID19によるパンデミックで起こりつつあるニューノーマル（New Normal）への変化に対応するため、ビジネスの未来を見据えた新しいデザイン的な思考が望まれる時代なのです。

図1-1　未来デザインに関わる各種書籍

1-1　未来に向けたビジネスデザイン

ビジネスにおける未来デザインを考えるとき、過去の提示に見る未来に向けた想像で分かることがあります。各時代に書かれたSF（Science Fiction、サイエンスフィクション）はその後の時代が展開される上で、大変大きな影響を与えていることを知ります。アーサー・C・クラークの原作で1968年に映画化された『2001年宇宙の旅』は多くの人が知っているSF映画です。彼に影響を与えたと言われているのが、今から約1世紀前、1929年のバナールのSF小説『宇宙、肉体、悪魔』[13]です。これが書かれた時代に現在の宇宙開発時代の到来とゲノム技術による遺伝子組み換えによる問題、そしてAI（Artificial Intelligence、人工知能）の発達によるシンギュラリティ（Singularity、AIが人類の知能を超える技術的特異点）で人々の生活や社会に大きな影響を及ぼすことをこのSF小説は示唆しているのです。これにより、多くの作家が影響を受けるだけでなく、産業界の多くの人もこの影響を受け、未来をイメージして、妄想して、創造活動をしていると考えることができます。SF小説だけでなく、近年では1978年にガルブレイスの『不確実性の時代』、1980年にアルビン・トフラーの『第三の波』[38]、1984年ジョン・ネイスピッツの『メガトレンド』[65]と未来を予測するための出版が相次ぎました。

SF小説や未来予測のトレンド本が未来に影響を与えるとすると、私たちはこれをどのように利用すればよいのでしょうか。私たちが毎日見ているのは、もちろん「現在」の情景です。この現在の情景から未来の情景の見方は、唐突な例えですが、私はボートの漕ぎ手の見方のように感じられます（図1-2)。漕ぎ手は

図1-2　未来の進路を探るフロントミラー

ボートの進む方向に対して背を向けています。ということはこれから進むであろう進路（未来）は見ていないのです。せいぜい横の視界が漕ぎ手にとっての一番未来に近い視野、すなわち現在ということになります。となると漕ぎ手が進む方向、すなわち未来を見るにはバックミラーならぬ、フロントミラーを覗く必要があります。これを私たちの日常で言うと、過去と現在だけを見て進んでいることになります。フロントミラーとなるものはあるのでしょうか。確かにSFも垣間見る未来の断片であるに違いありません。ビジネスの未来デザインにおいて、もちろん正確に未来が見えるフロントミラーなどありません。ですが、漕ぎ手が正確に目的地に向かうために、これまでの進路から分かる方向や横に見える様々な景色の情報から判断と工夫をしています。ビジネスの未来デザインでもそのようなフロントミラーの工夫が必要です。

私たちは多くの情報と手法を駆使して、このフロントミラーに映し出されるミラーワールドに未来を描くことになります。願望の未来を描いたミラーワールドは誰でも想像できますが、なかなかそのような都合のよい「ユートピア」（Utopia）な未来をフロントミラーで見ることはできないと思います。とはいえ、『ブレードランナー』や『マッドマックス』などの悲惨なSF映画のような「ディストピア」（Dystopia）な未来になるフロントミラーを見て、ビジネスの未来デザインはできないと思います。ここは現実的なビジョンと想像できるイノベーションの連続による宿命的に訪れるであろう「プロトピア」（Protopia）な未来をフロントミラーに映し出し、できるだけ正確に描くことが求められるのではないでしょうか。ここで言うプロトピアとは必然的に予測される原型としての未来のことです。未来をプロトタイプするテックカルチャーメディアとしてサンフランシスコで創刊された雑誌『WIRED』では、Sci-Fi プロトタイピング研究所を設立し、人類が描く未来のウェルビーイングとしてSFを取り扱い、SFで描いたプロトピアをバックキャスティングする研究が始められています。

しかし、科学（Science）だけでは未来は語れないと思います。現在の科学技術では解明できていないことも多く、地球や宇宙の変化の予測もできません。また、多様な人間それぞれの心も科学では解明されていません。ですから、SFだけで未来を予測し、バックキャスティングすることは無謀な試みとなります。しかし、科学を未来予測のひとつのツールとすることはできると思います。さらに、科学技術による経済発展だけでは未来を予測できなくなっています。経済主義の行き過ぎがプロトピアの視界を曇らせ、ディストピア的な地球環境へと導き始めていることにも、そろそろ気づくべきかと思います。

1-2　未来も人間中心なのか

プロトピアを描くにあたり、局所的な景色での観方でなく、地球レベルのマクロな観方から試みることも大切です。ここでは資本主義と社会主義といったイデオロギーの変化や民主主義と専制主義といった国の統治の考え方だけでなく、最近の地球環境の変化と関わりを持って、話題となっている「人新世(Anthropocene)」に着目したいと思います。

人新世は人間の活動が地球に地質学的なレベルの影響を与えていることを示す考え方です。確かに生来思い上がりの激しい性質を持つ生物種である我々人類には直感的に理解しやすい理論です。この呼び方があっという間に他分野にまで広がったのも、その分かりやすさゆえと思われます。では、人新世はいつ頃から始まったと考えるのが妥当なのでしょうか。専門家たちの間でも様々な意見がありますが、現在のところ、Human Centered Term（人間中心時代）である人新世は1950年前後に始まったという説が有力視されています。新石器時代でもなければ、はたまた農耕の開始でもなく、産業革命でもない、ずいぶん最近のことではないかと違和感を覚えるかもしれません。

では、なぜ1950年なのでしょうか。それはもちろん、実際に1950年前後を境として、その前の完新世と明確に区別できるだけの地質学的証拠が豊富に存在すると考えられているからです。いわゆる「グレートアクセラレーション」(Great Acceleration）による大変化です。グレートアクセラレーションは、20世紀後半における人間活動の爆発的増大を指す言葉ですが、第二次世界大戦後に急速に進んだ人口の増加、グローバリゼーション、工業における大量生産、農業の大規模化、大規模ダムの建設、都市の巨大化、テクノロジーの進歩といった社会経済における大変化は、二酸化炭素やメタンガスの大気中濃度、成層圏のオゾン濃度、地球の表面温度や海洋の酸性化、海の資源や熱帯林の減少といったかたちで地球環境に甚大な影響を及ぼしていることを表します。そして、2021年現在、世界的なCOVID19によるパンデミックはこれらと全く無関係とは言い難いものがあります。ビジネスの未来デザインを考えるとき、これらのことをもはや蔑ろにして展開することはできません。

さらに、1990年ベルリンの壁崩壊以降の社会主義体制の崩壊と今まさに進んでいる極端な貧富の差をもたらしている資本主義の破綻もビジネスの未来デザインに大いなる影響を及ぼし始めています。これからは宇沢弘文氏の唱えた、ある程度の『社会的共通資本』[28]をベースとした社会構造の中で自由競争を行う民主主義が望まれるようになるとも考えられます。また、最近では、ジェンダーや民族意識を超えた世界規模の基本的人権活動が生まれるようになり、民主主義の見直しと専制主義の台頭に対する批判が語られるようになっています。

マクロから見た地球人類はこのままの延長の未来でよいのか、また人間中心時代という捉え方のままで人類が将来地球に残す足跡は問題ないのか、Post Anthropoceneと言われる「知性代」へ変えていくにはどのように行動すればよいのかが、ビジネスの未来デザインに問われています。

これからはこうして展開される未来像をフロントミラーで見据えながら、ビジネスの未来デザインを展開するためのデザイン的思考を身に着けることが必須となります。

Chapter 2
デザイン的思考の経営

未来をマクロからフロントミラーの考え方で見るとき、これからのビジネスの未来デザインの前提となるデザイン的思考に基づく経営について「デザイン経営宣言」を通して考えてみます。

2-1　デザイン経営宣言

2018年に経済産業省と特許庁の「産業競争力とデザインを考える会」が提言したデザイン経営宣言では、「デザインは企業が大切にしている価値、それを実現しようとする意志を表現する営みである。それは、個々の製品の外見を好感度の高いものにするだけではない。顧客が企業と接点を持つあらゆる体験に、その価値や意志を徹底させ、それが一貫したメッセージとして伝わることで、他の企業では代替できないと顧客が思うブランド価値が生まれる。さらにデザインは、イノベーションを実現する力になる。」としています。

また、具体的には「デザインは人々が気づかないニーズを掘り起こし、事業にしていく営みでもあるから、供給側の思い込みを排除し、対象に影響を与えないように観察する。そうして気づいた潜在的なニーズを、企業の価値と意志に照らし合わせる。誰のために何をしたいのかという原点に立ち返ることで、既存の事業に縛られずに、事業化を構想できる。」と宣言しています。すなわち、企業競争力の向上はデザインによるブランド力向上とデザインによるイノベーション力の向上なのです。

ここで謳われている「ブランド」とは何でしょうか。簡単に言えば、ブランドはその企業や組織が作り出す世界観の象徴であり、これから生まれてくることへの期待感を表現するものです。過去の栄光にすがるためのものではありません。ここでのデザインの意味は何かを深く考えることが必要です。

それではイノベーションとは何でしょうか。分かりやすく言えば、イノベーションはその企業や組織が提供するうれしい革新を構築することであり、これから生まれて来る新しい価値づくりを担う行為です。となるとデザインがイノベーションにおいて果たす役割が何であるかを確認することが必要になります。

「デザイン経営宣言」ではデザインを重要な経営資源として、企業の経営戦略の必要条件として次の2つを挙げています。

① 経営チームにデザイン責任者がいること

② 事業戦略構築の最上流からデザインが関与すること

経営戦略の必要条件となったデザインとは、人的にも政策的にも新しい意味が与えられていると考えることが必然的です。ここで言われているデザインを担う人材、また、ここで言うデザインとは何を意味しているのでしょうか。これまでは美術系教育やデザイン系教育を受けた者が学んできたことを指していました。デザイン経営宣言で提示された課題として日本で一般的となっている、この「デザイン」の意味について深く考える必要が出てきていると思います。

2-2 「デザイン」と「DESIGN」

これまで国内では「デザイン」は一般的な日本語で「意匠」と訳されてきました。すなわち製品の色・形、そして使いやすさを考案する付加価値的な役割でした。そのため、機能が確定してからの詳細設計段階でしか必要とされず、カバードデザインの体をなしていました。これらはモノに形を与える段階でのクリエイターに求められる後付けの感性の付与でした。

しかし、産業デザインの歴史の中で、いまの時代がデザインに求めるのは形だけに留まらず、形を考える前に機能を考え、機能を考える前に、その価値を考えることへと変化してきています。

そしていま、求められているイノベーションを引き起こすための国際的に通じる「DESIGN」は、現代の日本人の理解では「設計」と解釈した方がしっくりするものとなっています。すなわち、スタイルだけ留まらない用途や機能、そしてユーザーや顧客の新たな価値をどのように提供していくかなど、マネージメントを含んだビジネス全体の設計を意図する概念となっているのです。あらゆるものを設計していく創造行為と捉えた方がよいということになります。

となると「デザイン経営宣言」でいうデザインそしてデザイナーとは、設計であり、設計者となり、これは日本人にとっては美術大学やデザイン学校を出た者の知識をはるかに超えた広範なものとなることは明らかです。

そしてデザインを設計と捉えたとき、設計は技術開発や市場開拓により、新たな試みが求められてきました。その結果、製品化されたものは常に市場ではコモディティ化され、その探求は飽くなきものとなります。すなわち、設計開発はコモディティ化の歴史なのです。しかし、これがユーザーや社会、そして提供側にとって価値あるものとなり続けているかは疑問です。コモディティ化した価値を革新させて、新たな設計をすることがいつの時代にも求められているからです。

2-3 「デザイン経営宣言」に示されたフィールド

デザインを色・形でだけでない「設計」と捉えたとき、企業競争力向上のためのデザインのフィールドはどのように考えることができるでしょうか。

ものづくりで行われるのが、「モノ[注]のデザイン」ですが、いまの時代はモノが作られただけで、イノベーションとブランディングに直ちにつながるとは思えません。モノは人が所有して、使って、評価して、伝えて、初めてその新しさや魅力を知ることとなります。こうしたモノの新しさや魅力が世界観を創り出し、これから受ける恩恵によって革新性を感じさせるにはどうすればよいでしょうか。現実的には色・形のデザインによるモノづくりだけではなかなか難しいと感じると思います。創られたものが使われ、うれしい変化が現れ、その世界観が生まれるには、これに至るモノを使う経験が必要となります。これにはモノを使わせる経験のデザインが必須となり、モノだけでなく、コトの在り方を提供するサービスづくりが不可欠となります。創られたサービスにより、うれしい革新を実感するイノベーション、それが持つ世界観を感じるブランディングが行えることとなります。デザインに基づく経営のフィールドではこのようにして行われるイノベーションとブランディングにより、広く社会に新たなサービスの実装がかなうの

注：本文の中では意図的に「物」「モノ」「もの」、「事」「コト」「こと」、「人」「ヒト」「ひと」と書き分けていますが、ここでその意味を明らかにしておきたいと思います。まず、漢字で書く場合は過去からつながる現実を表す言葉として「物」「事」「人」とします。次にカタカナで書く場合は現在の創造の対象を表す言葉として「モノ」「コト」「ヒト」とします。そして、ひらがなで書く場合は創造された優れた未来の「もの」「こと」「ひと」を表す言葉として、使い分けることとします。

図2-1　デザイン的思考の経営フィールド

ではないでしょうか（図2-1）。

2-4　サービスとデザイン的思考

それでは、経験のデザインによるサービスづくりの「サービス」とはどのような意味に基づいて使われている言葉なのでしょうか。

日本で古くから認識されている「サービス」は商品を手に入れたときの、その後の手当てに関わるアフター「サービス」であり、商品を購入する際に「少しサービスしてよ」と顧客にせがまれる商品の価格や量についての値引のイメージがあると思います。これらはグッズドミナントロジックと言われる考え方です。グッズドミナントロジックとはモノにこそ価値があり、企業はそれを提供することで顧客に価値を提供しているという考え方です。そのため、商品を売るために、モノの価値を上げる手段として、サービスが認識されています。そんなグッズドミナントロジックにおけるサービスは商品のための付加価値であり、顧客に対して商品にプラスした価値を提供するもので、あくまでも商品の価値を高めることを目的とした「サービス」なのです。

しかし、いま自然に行われている一般的な「Service」はそうではないと感じている人も多いと思います。特にサービス業と言われる職業に分類される人達はこれを実感しているはずです。なぜなら、サービスそのものが提供する価値であり、販売する物がなくても、サービス自体が商品そのものと感じているからです。

すなわち、これらはサービスドミナントロジックの考えによるものだからです。サービスドミナントロジックにおける「Service」とは、「無形の商品」という意味ではなく、顧客が利用することではじめて価値（使用価値・経験価値）を持つ商品を指します。つまり、製品の価値とは顧客とともに生み出すものであり、同じ製品でも顧客によって価値は異なるということです。

また、このサービスドミナントロジックはビジネスモデルのように形を表す考え方ではなく、経済活動の捉え方であり、考え方に過ぎません。あくまでも商品の価値を考える際の視点の違いとして、グッズドミナントロジックと区別して理解すべきものです。

こうしたサービスを中心に置いた経済活動では顧客やユーザー参加の価値創出が行われ、顧客やユーザーとの価値の共創により社会にその価値を実装していくことになります。これから述べる中では、サービスを顧客やユーザーとの価値共創を前提とした経済活動と考え、サービスドミナントロジックで定義されている、「Service」として捉えていきます。

Chapter 3
価値創造のためのデザイン的思考

ここからは新しく魅力的なビジネスを開発するための設計的、デザイン的な考え方を示していきたいと思います。この「デザイン的思考」はティム・ブラウンの『デザイン思考が世界を変える』[42]とは異なると考えています。「デザイン思考(Design Thinking)」はデザイナーがデザインを行う過程で用いる特有の認知的活動としての手法や技術を経営やビジネスに取り入れるというものです。それに対して、「デザイン的思考」は思想や概念、そしてこれらから生まれるアイデアや仕様を共創・協創する多くの人が理解できる形に仕立て上げていくことであり、そのプロセスや方法を見える化する考え方です。この思考に基づいて魅力的で新しいビジネスによる価値づくりのための設計・デザイン開発について考えてみたいと思います。

ところで簡単に「価値づくり」と言いますが、「価値」とは何でしょうか。ウィキペディアでは価値とは、「あるものを他のものよりも上位に位置づける理由となる性質、人間の肉体的、精神的欲求を満たす性質であり、あるいは真・善・美・愛あるいは仁など人間社会の存続にとってプラスの普遍性を持つと考えられる概念の総称で、ほとんどの場合の物事が持っており、目的の実現に役に立つ性質、もしくは重要な性質や程度を指すもの。何に価値があり、何には価値がない、とするひとりひとりのうちにある判断の体系が異なるもの。」と表現されています。

誰もが思う普遍的な価値を見つけ出すのは大変難しいですが、より多くの人々にその有り様を価値があると感じさせることは最も大切なビジネスの要件となります。

3-1　設計開発はコモディティ化の歴史

最も大切な価値づくりのための設計・デザイン開発はこれまでどのように行わ

れてきたのでしょうか。

これまで日本オリジナルの設計開発が数多くありますが、近代日本、特に産業革命後、明治維新後の設計開発の歴史は欧米の文明によって原型が創造されたものを、より優れたものへ、より日本的へとアレンジすることで設計・デザインは発展してきました。さらに第二次大戦後はその傾向がますます強くなり、高度成長期の日本経済を支えていったと思われます。

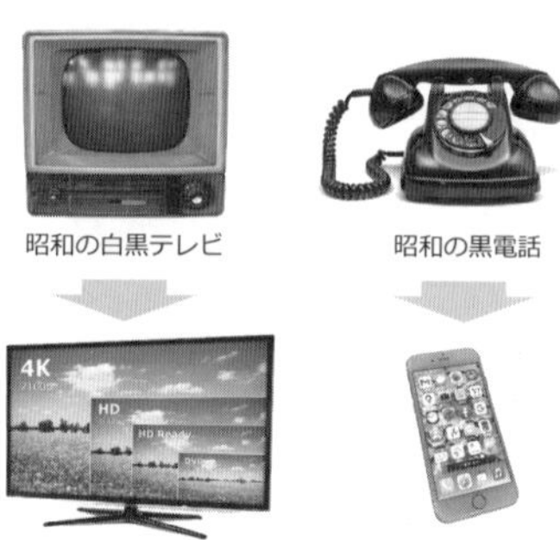

図3-1　コモディティ化の歴史

こうした設計・デザインは市場開拓や技術開発により、常に新たな試みが求められてきました。その結果、製品化されたものは市場では常にコモディティ化（生活必需品化）され、その探求は飽くなきものとなっています。すなわち、設計開発の歴史はコモディティ化の歴史なのです（図3-1）。しかし、これがユーザーや社会、そして提供側にとって継続的に価値あるものとなり続けているかは疑問です。コモディティ化した価値をさらに革新させて、新たな設計をすることがいつの時代にも求められているのです。

こうしたコモディティ化に対応してきた設計開発において、様々な角度からの新たな価値創造に必要なビジネス開拓者に問われる９つの「デザイン的思考」を取り上げたいと思います。もちろん、この９つのほかにも多々あると思いますが、現時点での気づきを見出すためのものとして、これらを提示します。

3-2　次のビジネスに問われるデザイン的思考

これまでと異なる次のビジネスに求められる価値創出のためのデザイン的思考を以下の観点から気づくことが必要となります。

1. 戦略を考える

　従来の寡占市場であるレッドオーシャン戦略だけでなく、冒険的ではあるが未知のブルーオーシャン戦略でデザイン的思考をする。

2. 条件を考える

　従来の人、物、金だけの条件にとらわれず、情報、仲間、ひらめきを持ってデザイン的思考をする。

3.対象を考える

市場中心や技術中心を対象としてビジネスを考えるだけではなく、人間中心で考えることは当然ですが、人間中心でもユーザーや顧客だけを考えるのではなく、その範囲を社会や環境にまで広げて、人間社会環境共生を目指したデザイン的思考をする。

4.観方を考える

人や社会を漠然と見るのではなく、「鳥の目」「虫の目」「魚の目」に例えられるように、観察、共感、洞察の観方を持ってデザイン的思考をする。

5.傾向を考える

フィジカルな人間、社会的集団として人を捉えるのではなく、人それぞれの思いを科学的に捉えた感性工学（Affective Technology）に基づくデザイン的思考をする。

6.進行を考える

クラフト（工芸）的検証やサイエンス（科学）的立案からだけでなく、アート（芸術）的直感からスタートするアブダクション（仮説推論）の発想法を取り入れたデザイン的思考をする。

7.仲間を考える

企画や開発の専門家や経営者だけで構想を練るのではなく、多くの職種や職能の人との協創や、顧客やユーザーを巻き込んだ共創を行い、みんなでデザイン的思考をする。

8.仕掛を考える

ユーザーや顧客が意識しない有効な仕掛けにより、ビジネスの益循環（Benefit Circuit）を起こすデザイン的思考をする。

9.道筋を考える

課題解決や発想をそのまま実現しようとするのではなく、その先の展望（Vision）に向けた流れを見据えてデザイン的思考をする。

以上の9つのビジネスの未来デザインに求められるデザイン的思考について以下の各項で詳しく解説します。

3-2-1　戦略を考える

ビジネスを取り巻く現在の環境は国際化と低成長経済により多くの企業が課題を抱えています。例えば、「ある商品のトップメーカーであるが、これまでは2番手の後追いでも大きなシェアを取れていたが、最近は先行されるままになり、市場を失う傾向となった」、また「これまでは自社の技術力を糧に潤沢に大手企業から受注していたが、最近は国際化に伴いライバルも増え、大手企業からの発注が減り、自社独自のビジネスを立ち上げる必要が出てきた」、また「独自の技術は開発しているが、人手も資金もなく、販売のノウハウもあるわけではないからどうすることもできないが、何とかビジネスにはしていきたい」、「これまで技術開発の請負と人材派遣で好調であったが、時代と共に派遣業も厳しく、かといって自社に得意なノウハウが培われているわけでもないが、これまでの経験からアイデアはいろいろ持っているので、これを実現してネクストビジネスとしていきたい」などがあります。

これらの企業は経営において大きな転換期に来ています。戦後の日本は種となるビジネスを欧米から学び、そして追い着け追い越せで大きくなり、何の転換もなく今日に至った企業が多く存在します。そうした企業はいま、これまで培ったリソースの更なる探求をしつつ、自らの新たな種を探索し、誕生から育成までの戦略の立案に迫られています。

ビジネスに成功するには何をさしおいても、その戦略において、どの方向に、どのように進むかを練る必要があります。例えて言うなら、日没前の荒れた海を想起させるレッドオーシャンで航行を続けるか、はたまた夜明け前の静かで不気味な海に例えられるブルーオーシャンへと新たに船出するか。現実のビジネスに言い換えれば、寡占市場が得意とするセグメントである価格訴求とスペックとフィーチャーで戦うか（レッドオーシャン）。もしくは、まだ踏み出したことのない未知の分野へ新価値を提案して新市場を開拓する冒険に出るのか（ブルーオーシャン）。どちらにしてもそこでは卓越した戦略を立てることが必須になります（図3-2）。

戦略の大きな方針を思考する上で前提となるのが、環境の把握です。特にマクロ環境を知って戦略を立てることは大変重要となります。ご存知のようにマクロ環境を把握する方法としてPEST分析があります。PESTとは、「Politics（政治）」「Economy（経済）」「Society（社会）」「Technology（技術）」の４つの頭文字を

図3-2　戦略的な選択

取ったものです。自らが領域とする業界のビジネスは常に世の中の変化に大きく影響を受けています。このため、おおよそ5年程度の中長期の将来予測をこの4つの視点で調査し、業界に及ぼす影響の仮説を立てて共有することは、未来の戦略を練る上で基本となります。

3-2-2　条件を考える

ビジネスを成功させるための基本は何かと問われたとき、私たちは「人」「物」「金」と答えてきたと思います。確かにこの3つは不可欠であり、これからも大きな要素となることは間違いありません。

しかし、その基本においても考え方が見直されています。基本となる「人」は頭数を揃えればよいというものではなく、構成員としての人がその個性と能力を発揮できる「ひと」となれるかが問われます。また、「物」は生産設備やその能力だけでなく、新たな手段となる新技術や生産方法としての「もの」が問われています。さらに、「金」は資金として、これがないとビジネスは始まらないと言われていましたが、資金があってもビジネスが成功するとは言えなくなっています。なぜなら、「金」を投入する目的が必要だからです。こうしたビジネスの条件を考えていくと、これらとは異なる条件が見えてきます。

今後の魅力的な新しいビジネスを興すにはこれら以上に必要となる条件があります。その一つが、今がどういう状態で、何が望まれ、どう動いているかといった知識としての「情報」(Information) です。ここでいう情報は受け手としての外からくる情報だけを言うのではなく、自らが発信する情報も含まれます。情報をコントロールする力が条件として必要となることを意味しています。

第二には、その情報から分析し、感じ、気づき、そして孵化（Incubation）した新たな発想として生み出される「ひらめき」（Ideation）です。「ひらめき」はその人の過去から培った知識の上に生まれますし、現在の置かれた環境で日々考え続けることから生まれます。また、「ひらめき」は自分一人だけで生まれるものでもなく、人との会話や議論といったコミュニケーションが不可欠となります。

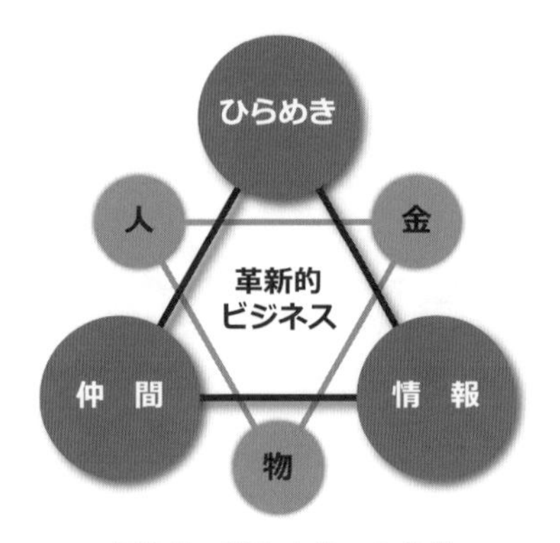

図3-3　新たな3つの条件

最後の条件は、「情報」を取得したり拡散したりするためや、共に「ひらめき」を生み出し、これを具体的な現実とするための基本である人・物・金よりも重要となって来ているのが、「仲間」（Collaboration）です。これまでもこれは大切だったかもしれませんが、人・物・金にとっても仲間が重要です。すなわち、職能集団での仲間づくりによる人材の確保や、専門性の高い業種からの仲間づくりによる機材・資材の調達や、クラウドファンディングによる一つの目的に対する不特定多数の仲間による資金調達などのように仲間を集められるかが鍵となります。

このようにこれからのビジネスはどんなに多くのリソースを持っていたとしても、一つの組織だけでは実現できないことが多々あると考えるべきです。どんな大きな組織も新たなこの３つの条件を従来の要素に優先して特に考えるべきです（図3-3）。すなわち、特異なリソースだけを持つ企業にとっては「情報」「ひらめき」「仲間」を条件として考えることは必然となります。という意味でビジネス構築の基本条件が大きく変わってきていることに気づくはずです。

〈ひらめきを生むリフレーミング〉

条件の中でも「ひらめき」はそれぞれの人の生まれ育った環境で学んだり、経験したりしてきた内容や現在置かれている立場によってその生まれ方は異なります。また、創造工学ではひらめきを促進する方法が数多く紹介されています。これらを訓練して、駆使することでより優れたひらめきが生み出されます。ビジネスのデザイン的思考で多く採用されているのが「リフレーミング」(reframing)です。

ビジネス視点でのリフレーミングとは、ある固定した観方で捉えられている物事の枠組み（フレーム）をはずして、違う枠組みで観ることを指します。リフレームの目的は、今までの考えとは違った角度からアプローチしたり、視点を変えたり、焦点をずらしたり、解釈を変えたりと、誰もが潜在的に持っている能力を使って、意図的に考えを変えて発想することです。

例として、以下を紹介します。

◆技術のリフレーミング⇒従来からの技術の延長上での進展に頼るだけでなく、他分野の技術を組み合わせてみたり、課題と直接関わりない新たな技術を取り入れて試みることで、新たな発想が生まれます。「技術革新」は技術のリフレーミングでもあります。

◆距離のリフレーミング⇒ 現在の場所から遠いということから異なる環境や文化を繋げたり、近接しているからこそ成立することのメリットを活用したりと、距離感の革新性を求めるアイデア発想です。人件費・材料費の削減のための遠くの海外での生産、逆に生産地と消費地を一致させる地産地消も、どこの家の近くにもあるコンビニエンスストアのビジネスも、この距離の考え方を見直すリフレーミングの発想の例です。

◆時間のリフレーミング⇒ 世界時差は昨今大変多く行われていますが、アメリカ合衆国とインドの生活時間差を利用した互いに昼夜の逆転を利用したコラボレーションがそれです。また、若者たちが生まれる前の時代のものを現代へ上手にアレンジして行うビジネスは時代差を利用した発想を活用したものと言えます。

◆手順のリフレーミング⇒ これまでのように完全に完成した製品を在庫し、販売するという「作ってから売る」ビジネスからバーチャルな製品で販売活動を行い、仕様と個数を決めながら製造販売するファブリケーションの革新、「売りながら作る」新しいビジネスが生まれています。また、購入後にユーザーが好みのアプリを選び、完成させるスマホはユーザーが作るという意味で、手順を換えたビジネスの範疇ではないかと思います。

◆対象のリフレーミング⇒ だれが買うか、使うか。男・女、大人・子供・老人などに合わせて製品は生まれていますが、こうした本来のターゲットであるジェネレーションやジェンダーを変えてみること、変えたジェネレーションやジェンダーに合わせてみることで、新たな発想が生まれます。プロの作業者用に開発された作業着を若い女性のファッションやレジャーファッションに展開している「WORKMAN」のビジネスなどはこの良い例かと思います。

◆統計のリフレーミング⇒ キュレーターによるビックデータに潜む社会や集団の行動法則や意志傾向から、統計解析や確率論を使って法則を発見することで、新たなサービスをこれらの法則を活用して実現するｅコマースのビジネスがこれにあたります。

◆翻訳のリフレーミング⇒ 翻訳というと外国語を日本語化することだと思いがちですが、それだけではありません。難解な知識、困難な手順、判断できないが決めなければならないことを誰もが理解できるように「複雑さを見える化」することも翻訳の概念であり、ビジネスを広げるリフレーミング発想の例と言えます。漫画やムービーを活用した取扱説明書や教材のビジネスがこれに相当します。

◆熟練のリフレーミング⇒ 高度な知と技を持った職人やエンジニアのスキルを誰もが使えるように専用道具やアプリケーションにして、使いやすくしたり、AIを活用して判断のレベル差が出ないようにスキルを民主化したりすることがこれに相当します。医師の診断や熟練工のロボット化のビジネスはこうしたリフレーミングの発想です。

3-2-3　対象を考える

デザイン的思考では何を対象にビジネスを考えるかが問題ですが、その中心に何を据えて設計・デザインを進めるべきかと考えるとき、市場中心とか技術中心とかと考えがちです。高齢者の市場を狙おうか、それとも防災市場をビジネスにしていこうかと考えたりもします。やはりIoTでしょ、いやいやこれからはAIのディープランニングやロボットが一番対象としてふさわしいと考えているのではないでしょうか。

しかし、対象はやはり人が中心であるべきです。どんな市場も、どんな新しい技術も人が良いと評価することで社会に受け入れられ、ビジネスとして成立すると考えます。この考え方から生まれているのが「人間中心設計」です。

人間中心設計のスタートは、1970年代にイギリスのラフボロー

(Loughborough) 工科大学に情報技術に対する人間工学・ITE (Information Technology Ergonomics) に特化した研究所として HUSAT (Human Sciences and Advanced Technology) が設立されたことに始まります。ここでは、利用者の立場から製品の研究を行う機関としてICE (Institute of Consumer Ergonomics) も設立され、その後、1980年代にはITEという領域がはっきり生まれて、1983年にスタートしたインフォメーションテクノロジーに関するESPRIT (European Strategic Program for Research Information Technology) プロジェクトはITEやユーザビリティに関連する ISO規格において多くの基となっています。中でも1985年に製品開発に際してユーザー、作業活動、機器、環境(社会的・物理的) という4つの要素を人間工学の知識を応用して行おうという提唱がなされました。古典的な見方の人間工学では人間の身体的・生理的特性とハードウェアとの適合性を考えるという研究が主体でしたが、情報機器の普及に伴い、それだけでは不十分であるとの認識から、認知工学の知見などを取り入れ、加えて活動の行われる社会的環境にまで目を向けるという視野の広い見方が必要とされるようになりました。

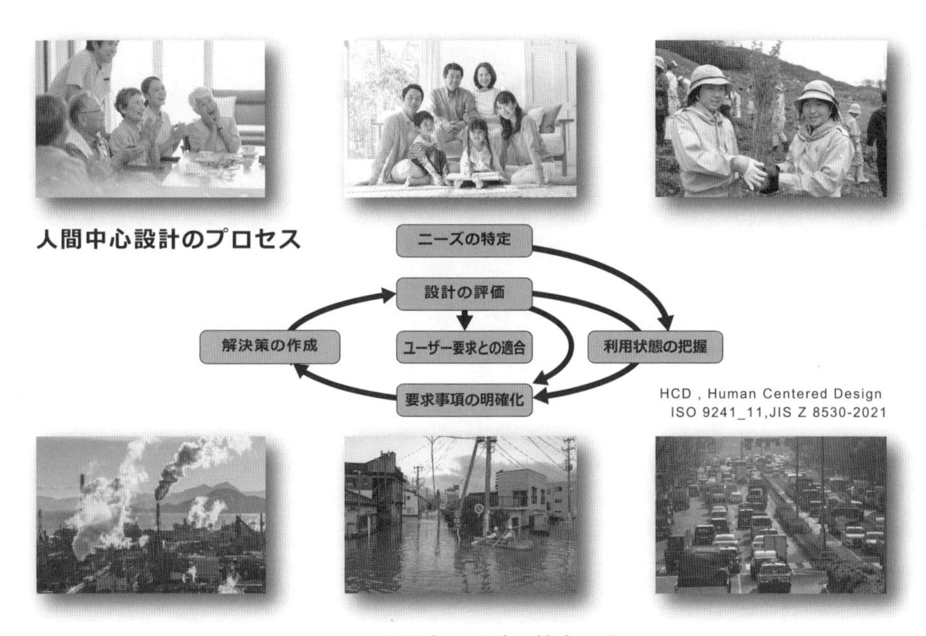

図3-4 人間中心設計と社会環境

こうした経緯で生まれた人間中心設計のプロセスはISO規格（ISO9241_11）やJIS規格（JIS Z 8530-2021）で謳っているように基本的な世界の基準となっています。このことを取り入れることは現在のデザイン的思考のビジネスでは不可欠となってきています（図3-4）。

人間中心設計の設計概念を代表するプロセス図のように、ユーザーの課題から「人間中心設計のニーズを特定」すること、そして、これらの課題に対してのユーザーの「利用状況の把握と明示」することが求められます。次に把握された課題に対する「ユーザーと組織の要求事項の明確化」をします。ここで、クリエイターは「ユーザー要求を満たす解決策の作成」することと、ユーザーの「要求に対する設計の評価」を繰り返していくことで生まれる「解決策がユーザーと組織の要求に適合」するところまで高めていくことがこの概念図のポイントとなります。常にユーザーの評価を受けるこの設計プロセスでは、解決策に魅力があることやこれまでにない新しさなどで構成される「満足」（Satisfaction）、課題解決にどれくらい役に立つか、有用であるかなどの「効果」（Effectiveness）、そして得られた解決策がユーザーにとって無駄がなく、実行しやすいなどの「効率」（Efficiency）がその評価の基準となります。これらを求めていくため、どのように現状を理解し、人の評価が高い解決策で提示できるかを対象である人を中心に考えていけるかが問われています。

次のビジネスを考えるデザイン的思考では対象を人間中心としたとき、既に人間中心設計の基本の考え方に狭義の環境への配慮があります。しかし、現代の多様な課題を抱えるビジネスでは、これまで以上にその重点とする範囲を社会や環境へと広義の意味に拡大する必要があります。

インタラクティブシステムの狭い人間中心設計の考え方では個人ユーザーだけをビジネスの対象としていますが、これからのビジネスではこの範囲だけでは成立しにくい場合が多々起こります。本来の人間中心設計にも謳われている「人」が構成員となる社会環境までをその対象範囲として広げることが必要です。当たり前のように感じますが、いざ新しいビジネスとなるとそれが社会にどう影響するのかを考えることが難しかったり、抜けてしまったりする場合が多いようです。

ここでいう社会環境の範囲とは、人は一人では生きておらず、家族、友人、コミュニティ、地域、そして国や国際社会に属しており、デザイン的思考ではビジネスをそこまで広げることになります。また、人が作り出す人工環境と自然環境との関係もこれからのデザイン的思考のビジネスの対象として考慮する必要があります。人為的と言われる地球温暖化や自然破壊に由来する自然災害やウィルス災害、また、これらにより引き起こされる移民に代表される民族バランスの変動とそれに伴う紛争と飢餓と、きりがないほどの社会環境の変化の連鎖がビジネスに大きな影響をもたらしています。デザイン的思考の対象の範囲を社会環境にまで思いを巡らして考えることは必然となりつつあります。

ただし、新たなビジネスで「ソーシャルデザイン（Social Design）」せよと言っているのではありません。Social Designは社会をどう築くのかという計画であり、デザインの対象は社会です。具体的には育児、地域産業、高齢化問題、コミュニティ、災害、そして社会インフラの整備から社会制度までと幅が広い社会の抱える様々な課題が対象となります。これを市民の創造力で解決する方法として近年に注目され始めた社会活動が「Social Design」です。この活動は社会的な課題の解決と同時に、単なる利益追求ではなく、社会貢献を前提としたデザイン活動と定義されています。本書でのビジネスのデザイン的思考はその注目すべき対象範囲を社会環境まで広げるべきですが、市民活動としての社会変革を意図した「Social Design」とは考えていません。

現在、人間中心設計においては、国際規格や日本国内規格に則った設計の実現を支援するため、人間中心設計機構（Human Centered Design Network、Hcd.net）が活動しています。また、本書の体験設計を人間中心設計行為として企業ビジネスに取り入れ、革新的な開発手法を啓蒙しようとする活動として、体験設計支援コンソーシアム（CXDS）が設立されて、体験設計に基づく具体的ビジネスの実現の支援をスタートしています。この活動については後述します。

こうした活動とは別に、近年、各方面でデザインと社会環境との関わりを考えた新たな取組みとしてソーシャルデザインの活動も行われています。2017年にスタートした「ソーシャル・クリエイティブ・イニシアティブ」はデザイン思考に近い考え方に基づいて、地域や社会環境の課題を議論し、提言していこうと、様々な分野の社会活動家を巻き込んで活動をスタートしています。

3-2-4　観方を考える

新たな取組みとしてのデザイン的思考を踏まえたビジネスでは、人の思いや社会環境の状況を知ることが大切です。そして、これを得るための３つの異なった

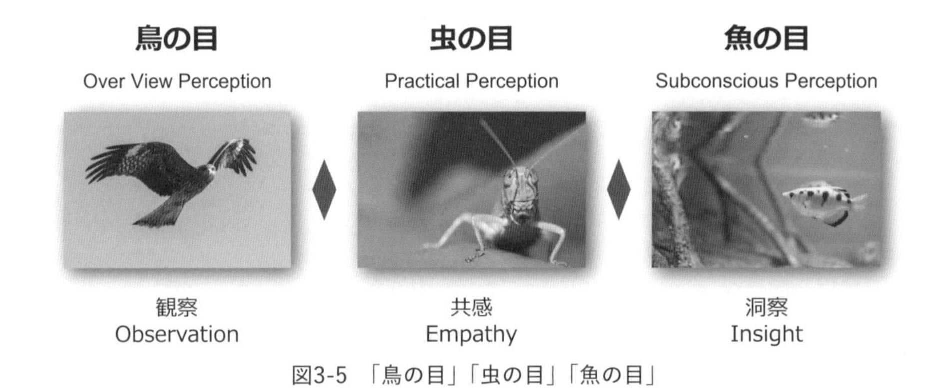

図3-5 「鳥の目」「虫の目」「魚の目」

観方があります。これらそれぞれの観方によって分かることも多様です。

一般経営論で言われるのは「鳥の目」「虫の目」「魚の目」の3つの観方です。一般経営論では鳥の目は全体の把握、虫の目は部分の把握、魚の目は流れの把握と説明されています。

デザイン的思考でもこの観方は基本的には同じですが、解釈の点で少し異なっています（図3-5）。まず、「鳥の目」ですが、これは鳥のように空から対象全体を俯瞰して捉える観方、Over View Perceptionです。物事を客観的で包括的に観察（Observation）することを意味します。すなわち、ビジネスを取り巻く社会状況、市場の全体像を把握し、時代、文化、テクノロジーなどを総じて理解することを表します。

次の観方は「虫の目」です。これは対象領域に入り込み、実践的に経験して捉える観方、Practical Perceptionです。物事と一体となって、主観的に捉えて得られる共感（Empathy）をすることを意味します。すなわち、ユーザーや顧客、ステイクホルダー（Stakeholder、利害関係者）の中に入り込んで、実感して理解することを表します。

そしてもう一つ、これからのビジネスを考える上で是非必要な観方が、「魚の目」です。これは魚が水面下に潜り、陸上からでは見えないものを観ることを例えており、対象に潜んだ潜在的な思いや考えを見つけ出す観方、Subconscious Perceptionです。見えている実態の陰に隠れた当事者でさえ気づかない本音や無意識な思いを深く洞察（Insight）することを意味します。すなわち、人や社会が本来望んでいる本質的な潜在要求の方向性を探索し、洞察して理解することを表しています。

これら3つの観方を駆使して、これまでにない情報を手に入れて分析することで、魅力的な新しいビジネスのデザイン的思考の発想を展開することが望まれます。

3-2-5　傾向を考える

デザイン的思考のビジネスにおいて、多様な観方から得られた情報の中から人の「思い」を感性として捉え、その傾向を科学的に活用することが大きな意味を持つようになってきています。「ヒト」を対象とし、社会環境をビジネスの範囲としたとき、そこにいる多くの人の思いを知ることはデザイン的思考では大いなる前提となります。これからの新たなビジネスでは、多くの人の思いを探ることで、直感的、感覚的、情緒的、感情的に捉えている感性的な傾向と向き合う必要があります。これまでのビジネスではこの部分は提供側の独断的な判断でその思いに向き合ってきました。また、一般的なマーケティングではこれまで市場調査（Market Research）や市場細分化（Market Segmentation）などユーザーの意識する中での手法が用いられていましたが、その背後にある人々の潜在的な思いとの関わりについてはあまり着目されていませんでした。

近年、様々な人間社会研究が少しずつ進み、人の思いの傾向を感性として捉え、科学的に解析し、活用する試みが多く進められています。これまで品質管理などに使われていた多変量解析やラフ集合分析などの統計解析を巧みに駆使して、数量化による定量解析をしたり、観察、インタビューやSNSによる定性的な手法により分析したりと、様々な試みが行われています。これらは感性工学（Affective Technology）として、大きな学問領域となっています（図3-6）。国内では井上勝雄氏の『デザインマーケティングの教科書』[47]により提唱され、デザイン的思考のビジネスアプローチで現状の課題に対する思いを定量化した様々な解析手法で挑戦しています。デザインマーケティングは設計・デザイン行為に感性調査・分析を導入して設計の上流工程から人の思いや感覚を取り入れる工夫をしていますが、問題解決のアプローチだけでなく、未来に向けて、潜在的な期待を感性解析として探索するためにも応用されています。

中でも特筆すべき研究として、東京大学で行われた国のSIP（Strategic Innovation Program）での研究で提案された「デライトデザイン（Delight

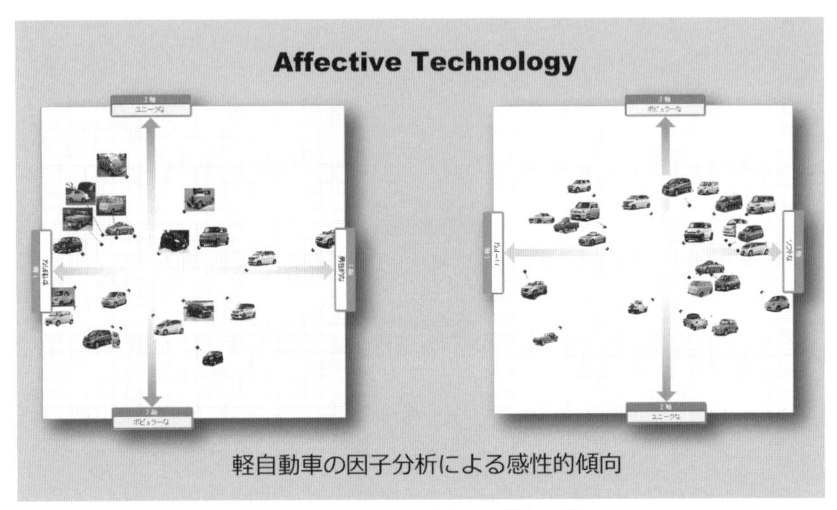

図3-6　人の思いを知る感性工学

Design)」を取り上げます。日本機械学会で提唱されている3DCAE（3 Dimension Computer Added Design）の上位概念の設計論である1DCAEでは感性データから分かる傾向を「機能を考える」フェーズで活用することのメリットをデライトデザインとして提唱しています。これはモノづくりの要素として、人の思いを感性として捉え、物理的なデータと感性的なデータを総合して設計構築に役立てる試みを行うものです。例えば、「掴み心地が良い」と「しっかり掴みやすい」というユーザーの感覚的な思いと物理量としての「硬さ」「太さ」の関係から多くのユーザーが感覚的に最も納得する値の領域を探るのがデライトデザインの役割です。

以上のように人の思いの傾向を様々な角度から掴むことがデザイン的思考のビジネスでは大切です。

3-2-6　進行を考える

多くの情報を手にした後は、デザイン的思考で次のビジネスデザインをどう進めるかを考えなければなりません。ここで気づくのは、何もないところからビジネスのスタートはないということです。一体何から始めるのでしょうか。これまでのビジネスは主となる課題がありました。特に戦後の日本の近代化を支えたの

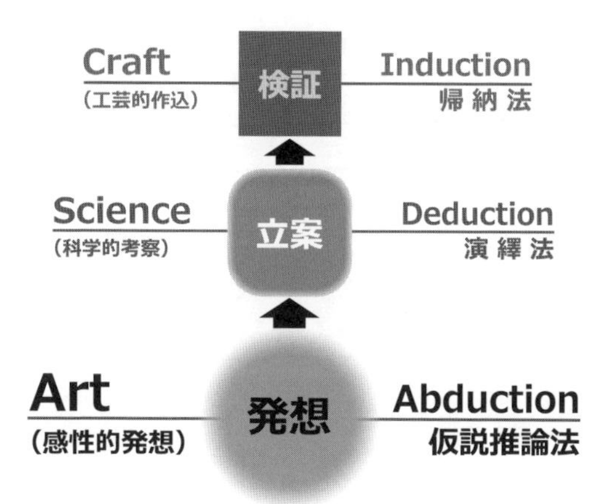

図3-7　発想→立案→検証の流れ

は欧米諸国で考えられたものをテーマとして、更に進める開発が多かったと思います。また、新しい発想が生まれた後はこれをより良くすることに中心が置かれ、ライバル商品が現れれば、これに対抗するための対策がその多くを占めていました。このような開発現場で育った年代の人達は0からのスターにあまり慣れていません。そうした環境下でこれまでにない新しいビジネスを考えるとき、何から始めるかが大切になります。絵画や彫刻、音楽にしても、芸術作品（アート）は作家の経験とそのときの直感による感性からスタートします。新たなビジネスのスタートもアートのように直感や感性から生まれる発想がその根源となります。

一般的なロジカルシンキング（Logical Thinking、論理的思考法）にデザイン的思考のビジネスデザインの進め方を当てはめてみると、次のようになるのではないでしょうか（図3-7）。

最初の発想の段階では注目すべき事象の発見や気づきから新たな法則として、価値となり得るものの仮説を立案することです。すなわち、具体的事象の観察からその背景にある理由や構造を推論する思考法「アブダクション（Abduction、仮説推論法）」を行うこととなります。ここではそれぞれの人の過去の経験や知識に基づき、**アート**（Art、芸術的）な直感や感性で発想します。また、様々な生活者の観察やインタビューなどによる意見の聴取を基に新たなひらめきからの仮説をつくり出すことになります。

次の立案の段階では仮説を再現可能な一般法則化をします。すなわち、正しいと考えられる一般則や理念から具体的な解決策を導く思考法「デダクション(Deduction、演繹法)」を行います。この段階では仮説に留まらず、**サイエンス**(Science、科学的) な考えに則り、より具体的な解決策として、シナリオや技術の裏づけに基づいたプロトタイプを考察して、仮説を共有できるかたちにすることが求められます。

最後は検証の段階です。ここでは仮説からの一般法則を事実と照らし合わせて実証することになります。すなわち、個別事項の共通性から解決法を推論する思考法「インダクション(Induction、帰納法)」を行って、確実なものとしていきます。すなわち、様々な状況やユーザーのタイプに合わせての検証から思考を進めると同時に過去の経験から得られる知見に基づいたつくり込みが必要です。これは**クラフト**(Craft、工芸)で作品をつくり込むのに似て、一般的にクラフトマンシップに基づいた思考となるのです。

こうして考えると発想、立案、検証の論理的思考はアート、サイエンス、そしてクラフトの順序で行われていることが分かります。これは山口周氏のアートの重要性を謳った提言に賛同するものです。

以上の思考のプロセスの中で、次のビジネスを考える上で、最も重要と思われるのが初めに良い仮説をいかに推論できるかということです。すなわち、アブダクションすることがビジネスの未来デザインをスタートさせることであり、このことに臆病になってはいけないということです。

3-2-7　仲間を考える

さて、これまでの考えを踏まえてデザイン的思考を実践するとなると、誰とこれを進めるのが適切であるかを考えることになります。新たな価値を生む次のビジネスはどの分野の職能の人が向いているのか。はたまた、どのようなノウハウを習得した人が役立つかが知りたくなります。現実のビジネスを進める上での役割は大雑把に考えても、マネージメント、企画マーケティング、デザインユーザビリティ、ハードウェア設計、ソフトウェア設計、生産設計、生産・購買、販売・物流、サービスメンテナンスと多岐にわたる専門家がいます。また、これに対して、製品やサービスのビジネスが社会実装され、ユーザーの役に立つためにはいくつものプロセスがあります。保証保全のプロセスがあり、提供する価値を広める販売促進のプロセスがあり、サービスを供給し、製品を生産する過程があります。さらには、製品やサービスを具現化する実施設計があり、その基礎となる基本設計が存在します。この基本設計のプロセスがスタートするために最も重要なスタートとなるプロセス、それが構想設計です。構想設計では誰が、どんな人材がこれを行うのに適した専門家なのか、あらゆる方向から新たなビジネスを思考し、発想を展開する必要があります。これは構想設計が、新たなビジネス発想を世に問うことを考える起点となるからです。

その意味で構想設計を充実したものとするには経営者、企画者、マーケッター、デザイナー、エンジニアだけでなく、販売、広報担当者や生産、購買、品質管理、保守の担当者までを含めたすべての参加が求められます。しかし、一企業の中でこれが揃えばよいのですが、中小企業の場合、なかなかそうはいかないのが実情です。そこでこれを解決するために協業による構想設計が望まれることとなります（図3-8)。この社内と協業仲間を巻き込んだ構想設計が協創となります。

さらに、組織内、協業企業だけでなく、関わりそうなすべてのユーザーやステークホルダーにも構想設計の輪を広げるべきです。これをデザイン的思考では共創と呼んでいます。立場の違う情報や異なるスキルを背景にして、どんな人からどんな発想が、アイデアが生まれるか分かりません。この構想設計段階では特にビジネスに関わる多くの人と協創すること、そして共創することが必要です。す

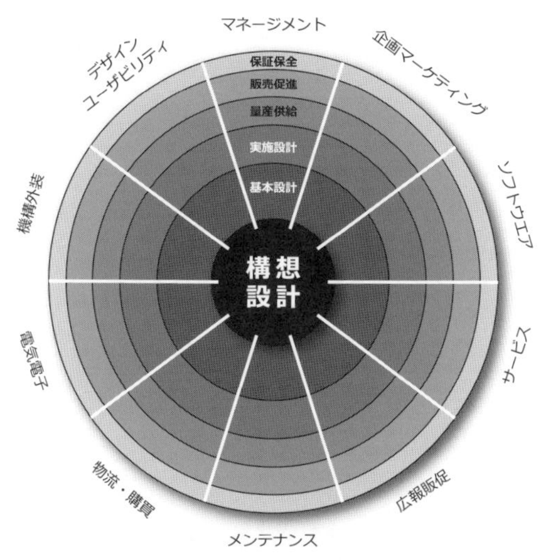

図3-8　協創による構想設計

なわち、「みんな」でテーマについて考える必要があります。とは言え、大人数で大会議を行ってもなかなかこれを実現するのは現実的に難しいと思います。デザイン的思考では新しいビジネスを構想するときにこの共創・協創の志向に基づいて、いかに多くの発想からスタートさせるかを考えることになります。

産業技術総合研究所でスタートした国の構想設計手法の研究は手塚明氏による『デザインブレイン・マッピング』[46]の出版を機にスタートした「構想設計革新イニシアティブ」の活動へとつながっています。今後はこうした活動が広がり、構想設計の重要性が各企業で語られることになると予測されます。

3-2-8 仕掛を考える

デザイン的な思考を巡らし、発想からのスタートをしたビジネスのデザインにおいて、この発想の成果がサスティナブル（持続可能）であることを意識しなければなりません。すなわち、ビジネスが続けられることを考える必要があります。当然ですが、提供者は対価を得て、提供活動します。これをデザイン的思考でも解決することが必要です。ビジネスにより顧客やユーザーの満足、効果、効率が十分に得られたとしても、提供者はより継続可能な、できれば発展可能な実質的な利益が得れるための仕組みを考えることが求められます。提供者がその活動を行う上では直接的利益奪取と間接的利益奪取とがあります。一般的な商品販売や観光や飲食などのサービスでは提供を受けた人がその対価を直接、提供者に支払う価値交換が行われ、直接的利益奪取となります。この場合、その価値に見合う対価かどうかを顧客やユーザーが直接判断するため、最も単純な価値評価による対価交換となり、複雑な仕掛けは必要ありません。

これに対して、間接的利益奪取では顧客やユーザーが意識しない状況で価値交換が行われる有効な仕組みを作ります。『FREE』[58]（Chris Anderson著）で紹介されているように無料でサービスを提供する０円ビジネスモデルがそれです。ご存知のように、Googleのサービスでは利用者が直接使用料を支払ってはいないものがあります。Google Mapではこれを活用する他のサービスが対価を負担したり、Google検索ではGoogle 広告を介して、広告料を広告主が負担したりするフリーモデルの仕掛けになっています。また、皆さんも利用しているポイント還元は「顧客が売価で購入し、割引をポイントに価値交換」することで、顧客の囲い込みをしていますが、ポイントは顧客にとって蓄財となります。これはポイント利用までの間、提供側もその資金の活用ができるような有効な資金活用手段となるポイントモデルの仕掛けとなっています。

図3-9　価値交換の仕掛け

また、顧客やユーザーのやる気や競争心を掻き立ててビジネスを活性化させたり、持続化させたりする方法として、ゲーミフィケーションを応用する仕掛けを考えたりすることもあります。ゲーミフィケーションはゲームに使われるコンセプト、例えば、闘争や競争、探索や脱出、育成や構築などのモチベーションを起こさせる考え方を活用して、ビジネスや社会活動を円滑に展開しようとする仕掛けづくりです。

以上のように対価の価値交換と交わる仕掛は数多くあります。サービス対応の価値交換の仕掛けとしてはフリーモデル、ポイントモデル、サブスクリプションモデル、プリペイドモデル、カウントモデル（利用度数の例）などがあり、サービスの価値交換の仕掛けとしてはリース・レンタルモデル、フランチャイズモデル、シェアリングモデル、ステイモデル（置き薬の例）、ハブモデル（運輸等）などの事例があります。

こうした仕掛けは手品、マジック、イリュージョンに例えることができます。客は手品の演技で満足感を得ますが、その裏でマジシャンは手技を鍛え、仕掛けを考え、マジックを披露する状況を創り出しています。種明しをすれば大したことでないかもしれませんが、驚きと感動を客に与えて、楽しませてくれます。いわば、「風が吹くと桶屋が儲かる」の例えにならえば、「うれしい経験をすると世間が潤う」仕掛けということになります（図3-9）。ここでいう仕掛けはデザイン的思考での**益循環（Benefit Circuit）**をビジネススモデルとして考えるということなります。

3-2-9　道筋を考える

デザイン的思考で素晴らしいビジネスの発想が生まれたとして、そこからが問題です。まず、理想的な展望（ビジョン）をいきなり実現できるかということです。そして、たとえ実現したとしても、社会がすぐに受け入れるかということです。その成し遂げようとすることが現在は存在せず、革新的であればあるほど、この問題はビジネス展開の大きな障害となります。

まず、技術的にいますぐ実現可能かということがあります。その技術は自らのリソースかということも気になります。資金的にすぐに実現できる状態か、自ら展開できる市場を持っているか、ということもあります。さらに言えば、そのビジネスは現時点で市場が存在するのかとなるとかなり問題です。P.F.ドラッカーは『マネージメント』[31]の中で、「顧客は創造されるものである」と言っています。

提供される側の顧客やユーザーからの視点で、現在の生活習慣や価値観に適応できるかも問題となります。そこには時代背景や文化意識、技術革新への慣れなども影響して、人はなかなか新しさになじめないものです。昨今の新たな提案ではさらに法整備などが追い付かず、実現の障害になるケースも出ています。以上のことから技術的、資金的、市場的、人間的、社会的に見て、いきなり新たな製品、システム、サービスによるビジネスが受け入れられることは稀であると考えます。そのため、デザイン的思考のビジネスでは時間経緯を踏まえた文脈的なアプローチ（Context Approach）をお勧めしています（図3-10）。すなわち、理想とするビジョンに向けての技術的、資金的、市場的、人間的、社会的な開発を、市場創造と社会実装に向けた時間をかけた筋書きの上手な文脈に則り進めていくことになります。これは悲観的にビジネスの成功が難しいと言っているのではな

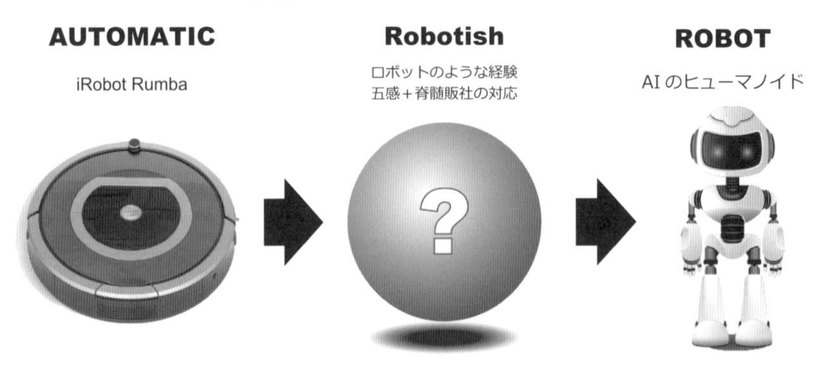

図3-10　文脈的アプローチ

く、思いついたアイデアがそのまま成功するビジネスになることはなく、アイデアという「赤子」を育てる文脈を計画することで成功としての「成人」となるということだと考えてください。

例えば、「人のために、人のような役割をする、人が創る自律した存在」と定義したロボットの開発では、お掃除ロボットのiRobotのルンバは、ただただランダムに床を這いまわり、ある程度まんべんなく吸引掃除をしてくれるオートマティックマシンです。しかし、これをいきなり人工知能を備えたヒューマノイド型のお掃除ロボットへと進化させたとしても、普及や共感はなかなか得られないと思います。そこには理想のヒューマノイドに至るまでに存在するであろう五感を備え、人で言えば脊椎反射のような反応をするロボットのような存在、すなわち「ロボティッシュ（Robotish）」な対応をするものが、理想に近づけるまでの間に必要になるのではないでしょうか。このことはすべてのビジネスに通じることで、将来の展望にたどり着くまでの流れを予測し、ステップごとの文脈を考えてビジネスを提示することの必要性を示唆しています。壮大なビジョンを持つことはもちろん必要ですが、これにたどり着くまでの中で、それぞれの場面での文脈を鑑みてデザイン的思考のビジネスを構築すべきです。

以上が次のビジネスを導くために必要な最低限の9つのデザイン的思考です。これらを踏まえて、次の章では価値創造のための設計戦略について述べることとします。

Chapter 4
求められる価値創造の戦略

デザイン的思考を踏まえて、新しいビジネスを起こすために求められる新たな価値創出とはどのようなことでしょうか。これまでも価値創出に対する考え方は時代とともに変化し、これからのビジネスの開発や設計に対する考え方も、いま、大きく変わろうとしています。私たちはこのことを認識して、次の一手を打つ必要が出てきています。

4-1　時代が求める設計対象

歴史の中で技術や社会環境が変わり、経済状況が変わるたびに時代が求める価値創造の設計・デザインの対象はその都度変わってきました。

これまでの産業の発展の歴史の中で、社会形態と経済活動から大きく3つの時代に分けることができます。まず、狩猟、そして農耕が始まるソサイエティ1.0があり、資本主義のスタートによるソサイエティ2.0へと移行し、最初に起こったのが生活産業社会です。この社会ではコモディティ経済が繁栄します。コモディティ経済は現在では一般的になっている人々の基本的な生活を支える衣食住に関わる産業がその中心となり、より豊かな生活のために多くの生活資材をコモディティ化させていきました。コモディティ化とはだれもが、いつでも、その恩恵を被れる状態を表しています。この時代の経済を支えた産業における設計・デザインの対象は基本的な生活要求への対応として、農林水産業を中心とした衣食住の基本的な物でした。コモディティ化の歴史は現代も続き、生活の基本だけでなく、多くのものがコモディティ化し、たくさんの生産者や流通業者によって、様々な物が価格競争とスペックとフィーチャーの戦いを生んでいます。

生活産業社会を経て次に台頭したのが、産業革命以降に広がったソサイエティ3.0と言われている工業化社会です。工業化社会では生活産業はもちろん、あらゆる物の製品経済が花開きました。工業化社会の製品経済は大量に生産される製品の所有と消費がそのカギとなりました。多くの人が第二次世界大戦後の高度成長経済の中、こぞって新製品を欲しがりました。最初に流行のように広がった「所有」の典型として現れたのが、1950年代における電化製品の「三種の神器」と言われる白黒テレビ、洗濯機、冷蔵庫でした。実はこの頃、**人新世（Anthropocene）**が始まっていたのです。ここは大きな変わり目であったのかもしれません。続いて1960年代には「3C」と呼ばれたカラーテレビ、クーラー、カー（自動車）が豊かさを表す所有のシンボルとなりました。21世紀になったころ、「デジタル三種の神器」として、デジカメ、薄型テレビ、DVDプレーヤーの所有が望まれました。このように工業化社会の製品経済では最新の技術を駆使した製品を人々がこぞって手に入れ、所有することに満足を感じていたのです。ここでの設計・デザインの対象は当然、ユーザーが物を所有しようとする願望へ対応した大量生産される工業製品でした。スペックやフィーチャーを競い、スタイリングデザインの優秀さやその人気をバロメータとして、設計開発が進められたのです。現在でも「ものづくり」ということで、多くのメーカーがより多く売れ、利益の上がる商品を開発すべく、このことに頭を悩ませ、世界の市場と戦っています。これによりCO_2やプラスチック廃棄物が増え、地球への大きな負荷となり始めたのは確かなようです。

そして、現在は工業化社会を超えて情報化社会となり、情報を駆使して支配するサービス経済が大きく花開き、ソサイエティ4.0のビジネスが展開されています。ご存知のように、情報化社会ではインターネットの発達により、情報が商品であり、情報により購買が行われ、情報のために人や物が動く社会となっています。この社会では情報の活用によって生まれる様々なサービスが経済を支えていることから、サービス経済と言われています。また、インターネットと関わりないところでも、人が人に奉役する介護や教育、娯楽、飲食など様々な生活の便利さを創る産業も多く生まれています。現代の日本ではサービス経済を支えるサービス産業に携わる就業者が全就業者数の約7割を占めるまでになっています。

この情報化社会では奉役に対応するためのネットワークや機器・システム、そして人による様々なサービスがその設計・デザインの対象となっています。インターネットを中心としたICT、IoTを駆使した多くのサービスがビジネス環境を変え、産業や生活を変えてきています。今後もAIやロボットを駆使して、情報化社会におけるサービス経済を支えるため、新たなサービスを生むための設計・

デザインが行われるであろうことが予測されます。

ところで、この情報化社会となって久しいですが、このままこの情報化によるサービス経済が中心で続くでしょうか。もちろん、コモディティ経済、製品経済がいまも続いているようにこれからもサービス経済はより大きく続いていくことが予想されます。ただ、これからもこれまでと同様の情報化による経済発展をするかは疑問です。その兆しとして、経済学者のパインとギルモアは『経験経済』[19]の中で、情報化社会を超えて、新たな経済を支える社会が来ることを予測しています。それは**経験価値社会**が来ることであり、これによる**経験経済**がその担い手となると提言しています（図4-1）。

経験価値社会はモノを消費したり、所有したり、サービスを受けたりするだけで価値を感じるだけでなく、人々が経験することにも価値を感じる社会です。この経験をすることで得られる価値の対価が循環することで生まれるのが経験経済なのです。現在もテーマパークやショッピングモールではそこでの経験に対しての喜びや満足を感じる演出を行って集客していることは知られています。また、旅行ビジネスやゲーム、エンターテイメントビジネスも経験を蓄積・消費することをその価値としています。

経験価値社会は内閣府の推し進める**ソサイエティ5.0（Society 5.0）**で実現す

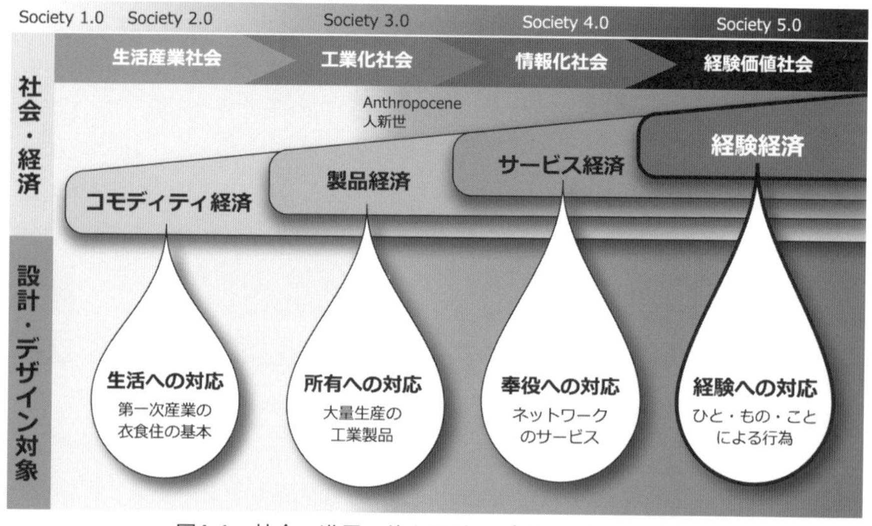

図4-1　社会の進展に伴う設計・デザイン対象の変化

る社会とも通じるところがあり、ソサイエティ5.0では「IoTですべてのヒトとモノがつながり、様々な知識や情報が共有され、いままでにない新たな価値を生み出します。また、人工知能（AI）により、必要な情報が必要な時に提供されるようになり、ロボットや自動走行車などの技術で、少子高齢化、地方の過疎化、貧富の格差などの課題が克服されます。社会の変革（イノベーション）を通じて、これまでの閉塞感を打破し、希望の持てる社会、世代を超えて互いに尊重しあえる社会、一人一人が快適で活躍できる社会となります。」と言われています。

これらによって推進される経験経済は既にあるサービス経済の域を超えています。こうした経験価値社会の経験経済を支える設計・デザインは人の経験への対応となります。すなわち、「ヒト」「モノ」「コト」を総合して組み立てる行為の創造がその設計対象となるのです。

4-2　設計のパラダイムシフト

これまでのコモディティ経済、製品経済、サービス経済ではその設計対象に対して、問題解決型のアプローチの設計開発が主流であり、次の2つをアプローチの起点としていました。ひとつは技術開発を中心に据えて、既存の保有技術の組み合わせであるSEEDs（新製品や新サービスの元となる技術やノウハウ）による開発がものづくりやサービスづくりの基本となっていました。また、もうひとつはマーケットからの視点で、顧客の顕在化した要求を満たすNEEDs（顧客の課題としている要求）による開発が行われました。これらは製品経済やサービス経済では最も一般的な通常の考えです。現在もほとんどの製品、システム、サービスの開発はこれらの理論とプロセスに基づいて開発行為が進められています。

しかし、経験価値社会はこれだけでは経験経済のビジネス構築は難しくなると考えられます。SEEDsによる開発では技術発想が余儀なくされるため、既存の技術の組み合わせによるところが多くなります。そのため、今後、必要な技術の開発がおろそかになり、既存領域から抜け出すことができなくなります。また、NEEDsからの開発では現時点で顧客やユーザーが知り得る知識、情報や経験からでしか求めることに答えられないため、彼らが潜在的に、本来望んでいるコトを聞かれても答えに窮してしまいます。自ずと、既存の製品やサービスの改善に留まることとなります。要するに見えている問題を解決するだけとなります。

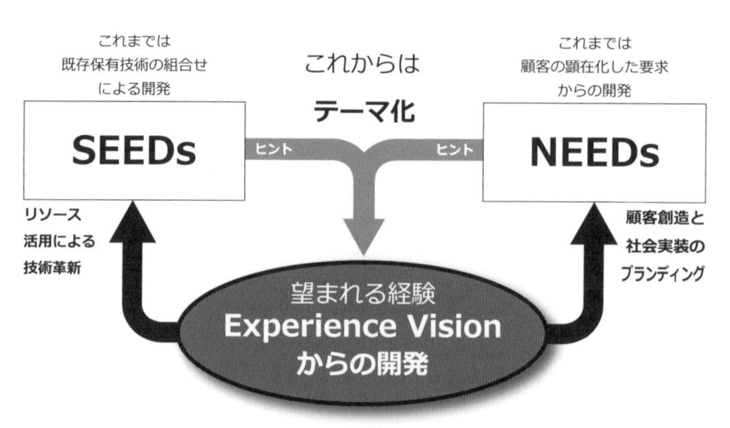

図4-2　設計開発のパラダイムシフト

しかし、経験価値社会では、人々が経験することによる価値を望むので、設計開発の手法はこれまでと大きくアプローチを変える必要があります。技術発想のSEEDs起点でもなく、マーケティング発想のNEEDs起点でもないアプローチです。すなわち、SEEDsとNEEDsをヒントとしてテーマを設定して、人々に望まれる経験（Experience Vision）から得られる価値を起点とした設計に開発の考え方がパラダイムシフトすることになります（図4-2）。人々が望む経験に照らし合わせて、体験のできる製品、システム、サービスを統合して生まれる価値創造が求められるのです。

4-3　Issue Driven からVision Driven の時代へ

それではビジネスの設計・デザインの対象となる経験への対応とはどういうことでしょうか。例えば、「いま、何が作れるか?」とか、「物づくりの課題は何か?」ということでしょうか。はたまた、「いま、何が売れるのか?」とか、「売れるための課題は何か?」ということでしょうか。また、「いま、何をサービスするか?」とか、「サービスするための課題は何か?」ということでしょうか。いいえ、そういうことではありません。これらは課題ありきであり、顕在化した課題を直接的に解決する問題解決型のイッシュードリブン（**Issue Driven**）な設計行為なのです。もちろん、こうした方法はいまも続いていますし、これからも続くと思い

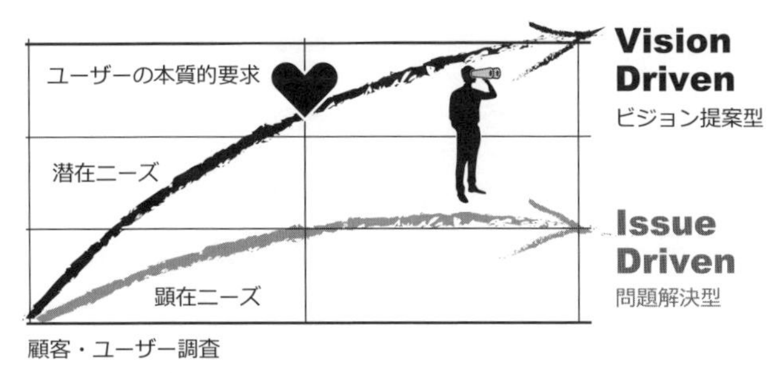

図4-3　問題解決型デザインとビジョン提案型デザイン

ますが、これはあくまでも「改善」の領域で、設計・デザインの対象となる経験への対応をする最善の策とはならないでしょう。

それに対して、経験価値創造に対応する設計・デザインではこうしたアプローチを取らず、潜在的な要求に対する魅力的な価値の創出を目指した提案型のビジョンドリブン（**Vision Driven**）なアプローチが望まれるのです。すなわち、「どんなシーンで本質的にどんな経験が望まれているか」を理解し、ビジョンに向かって提案していくことで、魅力的な価値創出から具体的な実現へと進むことになるのです（図4-3）。

4-4　ビジョンとは何か

このような点から、経験価値社会ではVision Drivenなアプローチで提案型のビジネス創出を試みることが望まれますが、このビジョンから紐解く開発でいう「ビジョン」とはデザイン的思考ではどう解釈すればよいでしょうか。イメージとしては理解できる感じもありますが、もう少し具体的に考えてみましょう。

ビジョン、日本語では展望です。私たちは未来に対して、大きな夢や希望、妄想を抱いて、行動や活動を行います。この夢や希望、妄想のことをビジョンと考えるのでしょうか。いいえ、これは未来に求める理想によく似たものではないかと考えます。現実的に実現するにはかなり距離がありますが、「理想」を掲げることで、大きく向かう方向が見えてきます。しかし、私たちがデザイン的思考で言う「ビジョン」は、この理想とは少し異なり、ビジネスや社会活動をその理想に近づけるための、より具体的であり、より多くの人々に共感してもらえるよう

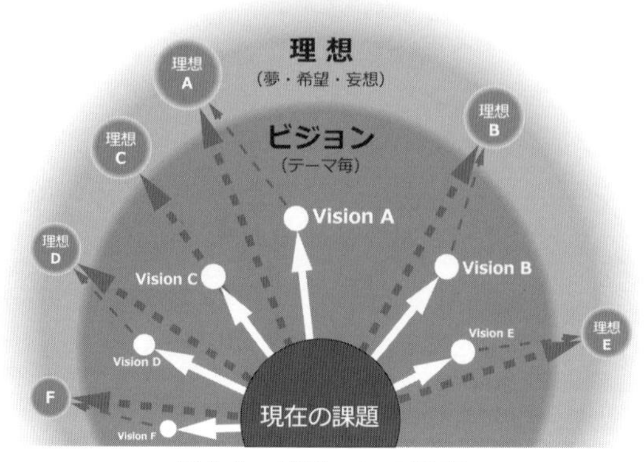

図4-4　ビジョンの設定

な到達点であると考えています。すなわち、「理想に近づくための共感できる近未来へのアプローチ」をビジョンと呼んでいるように思います。それではどこが理想と異なるか。理想はある程度普遍的なものでありますが、ビジョンはその時代の文化、社会、技術など様々な環境により、都度、設定されます。このため、真っ直ぐ理想に向かうことが難しいこともあります。デザイン的思考ではビジョンを創り、新たなビジョンをつなぎ続けていく文脈とすることで、いつかは理想へと近づけるものだと考えています。ということで、経験価値社会ではその社会環境において、理想につながるビジネスのビジョンを設定して、それを実現すべく活動することが、成功への近道となるのです（図4-4）。

昨今、マーケティング戦略において、「バックキャスティング」という考え方が取り上げられています。これは未来のあるべき姿、すなわち理想を描き、これに向かうために不足している課題の解決を行おうとするものです。この考え方では現在の状況を踏まえることが難しいことと、理想実現までの時間経緯が長くなることが懸念されます。このことからビジョンドリブンな思考はバックキャスティングと近似していますが、そのアプローチに実現の具体性が加味されるという違いがあります。

4-5　求められるビジョンのための設計は?

理想に近づくための共感できる近未来へのアプローチとしてのビジョンを実現

するための設計・デザインはいかにあるべきでしょうか。私たちはいま、DX化することで、その糸口を見出そうとしています。DXはICTやIoT、VR、ARといったコミュニケーションのデジタル化、自動運転、ドローン、ロボット、AIなどの人知拡張のデジタル化など様々な技術革新を起こすものです。さらに今後はDXに留まらず、Bio & Human Technology（生命科学、健康医療技術）やSpace & Ocean Technology（宇宙開発、海洋開発技術）とその周辺技術に加えて、Sustainable Earth Technology（地球と人類の保全のための技術）革新が展開されていきます。

しかし、ここで気づくことは、これらすべてはあくまでも手段であるということです。手段としてもたらされるのは革新的な機能設計です。果たしてビジョンドリブンな設計行為は機能設計だけで可能かということになります。人々が求めるビジョンを実現するためには、手段を駆使するための目的が必要となります。その目的を見つけるための意味探索が必要となるわけです。そして、ビジョン実現のための価値創造を目的に、意図的に企てられた未来の事象連携を創る行為が、この本の趣旨である「体験設計（Experience Design)」なのです。

こうしたビジョンのための設計の考え方が生まれることで、経済や経営にどのような変化を及ぼすでしょうか。経験価値社会が訪れるまでのビジネスの投資は課題解決の確実性に対する投資の時代でした。これに対して、経験価値社会がその中心となると、体験設計の実現性に対する投資や体験設計のビジョンそのものに対する投資の時代へと変化すると考えられます。企業や組織の成長にとってプラスに見える技術課題や社会課題とマイナスに見える技術課題や社会課題がありますが、体験設計によって目的を明確にすることで、そのどちらにも投資の可能性を見出すことができます。例えば、インターネットの発達は私たちにとってプラスに見える課題であり、これに取り組むことは大きなビジネスのチャンスではありますが、この課題のマイナスに見える課題も大きなビジネスのチャンスが秘められているのではないでしょうか。体験設計によって創り出される目的の如何によってビジネス投資の対象へと変化することができるのです。

Chapter 5
これからの設計方法論

これまでの科学技術と経済活動に則る設計方法論を踏まえて、価値についての更なる設計方法を研究することが求められていると思います。現在のこうした設計方法論を否定するのではなく、より対象を広げて、より深い考察の行える設計方法として体験設計を取り上げます。

5-1 「体験設計」とは

これまでの設計・デザインは、既に決まった機能を実現するための「**形態を考える**」**実施設計**でした。設計・デザインがコンピュータ化された3DCAE（3 Dimension Computer Aided Engineering）で実現し、個別の最適設計を行うための詳細設計がその重要な役割でした。3DCAEはその機能を形にする、すなわち存在とか実態として実現する設計行為を意味しています。この考え方はより高度に効率よく実現されることが大変重要であると考えます。

しかし、2021年現在、1DCAE（1 Dimension Computer Aided Engineering）という設計・デザインの新しい考え方が日本機械学会より提唱されています。これは「物事の本質を的確に捉え、見通しの良い形式でシンプルに表現すること」を意味します。さらに、1DCAEでは、「製品設計を行うに当たって機能ベースで対象とする製品全体を表現し、評価解析可能とすることにより、製品開発の上流段階での全体適正設計を可能とする」と定義されています。簡単に言うと「**機能を考える**」**機能設計**なのです。すなわち、1DCAEは物事を俯瞰して見ることで、その本質を捉えて、その機能を仕様として提示し、3DCAEに渡し、形としてシンプルに実現したものを機能検証することと解釈することができます。

それでは1DCAEで取り扱われる機能は何のために設計されるのかということになります。どんな製品設計がいかなる価値を生むのか? また、どのような価値を生むために製品設計が行われるかを問う必要があります。そこで、4-5項で述べた機能は手段であり、その手段の目的を見つける意味探索はどのようにするのかということにたどり着きます。

すなわち、機能設計の前に**「価値を考える」体験設計**がさらに必要であり、その発見された価値の機能化を定義していくことが求められます。これが実施されて初めて1DCAEによる機能のシンプル化が実現ができると考えます。また、1DCAEでは機能化した価値をプロトタイプという形で、価値検証することも大切なこととなります。この機能化と価値検証のサイクルを回すことで、価値概念構築の体験設計が完結します。創造される価値の機能化には壮大な社会的な価値の機能化もあれば、個人のささやかな幸せをつくり出す価値の機能化もあります。どのような価値創造においても、これは必要となります（図5-1）。

これまで誰も気づかなかった人々にとっての価値を発見し、さらに社会においての価値を定着させ、これを機能仕様として提案して、機能化することにより、1DCAEの機能の実現につなげることになります。そのための価値創造の考え方として、ここでは経験価値を「体験設計」することを提唱します。体験設計を3DCAEや1DCAEのような手法の形で表現すると、**XDCAE**（eXperience Design Computer Aided Engineering）ということになります。XDCAEは価値探索の設計方法として、コンピュータエンジニアリングを活用することになり、体験設計のためのCAEツールも生まれています。

これからの設計・デザインでは体験設計を起点とした「価値を考える、機能を

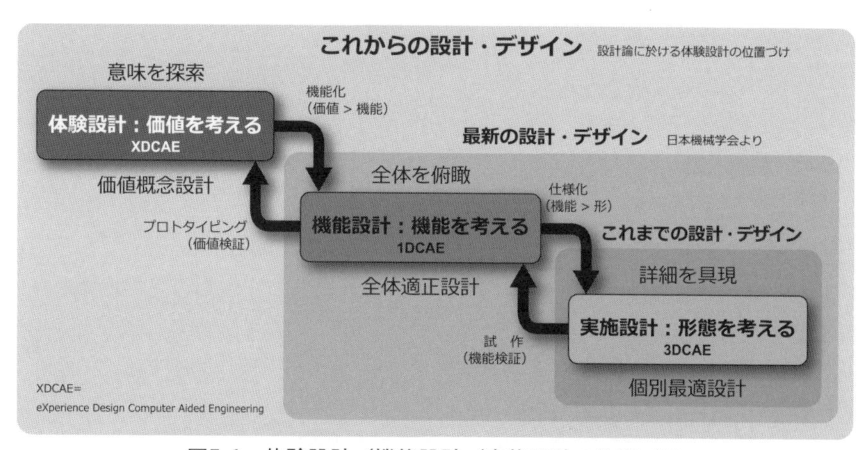

図5-1　体験設計／機能設計／実施設計の位置づけ

考える、そして、形態を考える」というフェーズを踏んだ価値創造が必要となってきます。このことはこれからの設計論に大きな影響をもたらすと考えます。

次は設計論の対象となる製品、システム、サービスについてですが、製品としては、日常的に消耗する消費材、人が使う各種道具などハードウェアがありますが、それだけではなく環境を構成する建築やランドスケープなどその他多くの人工物もあります。いわゆる「モノ」です。また、システムとしてはコンピュータのソフトウェアが代表的ですが、インフラを構成するエネルギー、交通、物流やインターネットを含む通信などが挙げられます。そして、サービスはこれら製品やシステムを駆使し、担い手によって構成される連携のコンテンツとなります。いわゆる「コト」と言われるものです。このサービスはハードウェア、ソフトウェアに加えて、本来の「ヒト」がサービスとどう関わるかを表すヒューマンウェアがあります。

以上が設計論の主体的な対象ですが、これだけでは設計論の対応は難しく、自然環境、歴史文化などの客体的な「ソト」との関わりも考慮することになります。「ソト」は設計行為でコントロールすることはできませんが、大変重要なファクターです。

このように体験設計の対象は「ヒト」「モノ」「コト」「ソト」となります。これらに対して未来を見据えたビジョンを実現するための巧みな「体験設計」が行われます。そして、この設計対象が互いに優しく優れた適合、すなわち**優合(Interfit)**を実現することで、ビジネスにイノベーションを起こし、人々に望まれるうれしい経験価値が提供されることになります。

以上をまとめると『**製品、システム、サービスのイノベーションがもたらすうれしい経験価値はビジョンに向けて「ヒト」「モノ」「コト」「ソト」が優合して創る巧みな体験設計から生まれる**』ということになるのです。

いきなり、経験価値、体験設計と言われても腑に落ちないと思いますので、改めてデザイン的思考として経験価値、体験設計を定義します。

まず、「**経験価値**(Experience Value)」とは「**偶発的、意図的を問わず過去の事象とその連携から得る利益**」とします。つまり、人は日常に様々な出来事や事象の時間経緯を通して経験を積んで、人生を送ります。その経験には良い経験もあれば悪い経験もあります。また、記憶に残らない経験もあります。こうした経験の中からたまたまでも、誰かに計画されても、自分や家族、仲間、そして社会にとってプラスになる「うれしい」経験であると感じ、得をしたと思うことを経験価値としました。

そして、この経験価値を意図的に計画するのが、「**体験設計**（Experience Design）」です。これを改めてデザイン的思考として定義すれば、「**価値創造を目的に意図的に企てられた未来の事象連携を創造する行為**」となります。つまり、体験設計はこれから起こす未来の行為や出来事の時間経緯を踏まえて、うれしい経験が最大化するように意図的に、そして具体的に計画し、実行する設計行為なのです。「ヒト」「モノ」「コト」「ソト」の優合について、あらゆる観点から、より良い経験のビジョンを実現する方法を組み立て、実現するまでを見届ける設計行為、すなわちデザイン行為ということなのです。私たちは未来の体験を設計することを始めなければならないのです。

ちなみに、表音文字の英語ではExperienceとしか表現できない言葉ですが、日本語では表意文字として、過去の事象を「経験」と表し、「経て得られた証」の意味と捉えています。また、未来の事象は「体験」と表し、「体（身）を以て試み」の意味で使い分けています。

5-2　身近な体験設計の思考

いにしえからの体験設計的考え方の事例から分かること

この体験設計の概念は現代になって生まれたものでも、海外から入ってきた考え方でもありません。古来、日本では体験設計が自然に多く行われていたのです。ただ、そんな方法の名前も聞いていないし、学んだこともないと言われるでしょう。そこで分かりやすい例をお話しします。

最も分かりやすい例として、今回の東京2020オリンピック、パラリンピックの標語となった「**おもてなし**」が挙げられます（図5-2）。「おもてなし」という言葉は何をすればよいか、どのようなことを考えればよいか、日本人なら誰でもイメージできると思います。「おもてなし」をするということは誰かが誰かにうれしい経験を提供することだからです。どんなうれしい経験かはそれぞれ異なると思いますが、これを実現する要素は大きく分けて次の4つが中心となります。「設え」「作法」「道具」「段取」です。「設え」はお分かりのように「おもてなし」の場づくりであり、環境づくりです。「作法」はどのように「おもてなし」するか

設え　作法

おもてなし

道具　段取

図5-2　身近な体験設計の例1

の様式であり、形式です。例えば、和風の会席か立食のパーティーかなどです。「道具」は「おもてなし」に使用されるすべての物です。そして、「段取」はこれらを行う時間の経過に合わせてのプログラムの進行です。すなわち、「おもてなし」はこれら一つひとつの内容を意図的に考案し、周到に準備し、プロセスとして、時間とともに確実に実行することで、相手のうれしい経験価値を生み出していくのです。これはまさに体験設計の典型と言えます。

茶道を世に知らしめた千利休は茶室、茶道、茶器、その運びを体験設計することで茶道を完成度の最も高いところへと導いたと言えます。そして、今日のこの国の茶道文化を生んだと思います。現代に至るまで様々な形で「おもてなし」の文化は広がり、人を喜ばせる身近な体験設計としてその考え方は定着しています。

また、このほかにも、これまで生活に根差したいくつもの体験設計がありました。中でも日々の暮らしの中で病への備えとして根づいた常備薬のビジネスがあります（図5-3）。ご存知の「富山の置き薬」です。その発端は江戸時代前期の富山藩二代藩主、前田正甫によって推進されたものです。薬によって領民の救済を行うだけではなく、「越中富山の薬売り」として知られる配置薬というビジネスモデルを考え、製薬・売薬を富山の産業として育成しました。この体験設計は病にかかってから薬を購入するのではなく、常備薬として備えることでの安心感を価値として創造しています。配置薬は「先用後利」の販売システムで、その家庭に必要と思われる薬を無償で置いていき、その後、使った分だけを定期的に清算していく方式です。いまでは当たり前となっているこのビジネスモデルですが、様々な薬の入った薬箱を顧客を信用して置いていきますから、売る側のそれへの負担は多大です。つまりスタートアップの困難さがあります。また、補充の薬を持ち、各家々を定期的に回るにも大きな負担がかかります。当時は荷を背負って巡回しています。この量も膨大化したと思います。しかし、実は薬売りは台帳を持ち、各家庭でどんな薬が利用されるのかといった家々の傾向を把握しているため、それほど多くを背負わずに回れたのです。これは現代で言えば、「先行投資

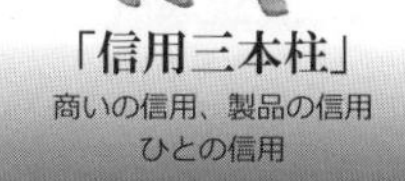

図5-3　身近な体験設計の例2

販売」であり、「顧客情報管理」のデータベースを活用した効率の良い販売ということとなります。言わば、薬で安心を共有する「Sharing Design」が行われたことになります。また、このような「富山の置き薬」が現代まで続いたのは「商いの信用」「薬の信用」「人の信用」という信用三本柱の「Trust Design」がなされていたからと言えるのではないでしょうか。こうしたSharingやTrustの体験設計がなされたことで、薬に対する経験価値を日常生活の中で高める継続的ビジネスモデルが生まれ、生き続けているのです。

このほかにも、17世紀前半に大阪の豪商淀屋の米市は米の価格安定に寄与し、大阪を「天下の台所」と言わしめたのも、その仕組みづくりは体験設計ではないでしょうか。そして、この仕組みは現代のデリバティブ（金融派生商品）へとつながっているのです。また、多くの中継点を設けて手紙を運ぶ体験設計として、「飛脚」の情報サービスや江戸では長屋の井戸をシェアリングして使うことで言葉が生まれた「井戸端会議」など様々な体験設計らしき考案を挙げることができます。特に約260年続いた江戸の町は世界一のエコタウンであったと言われています。これは幕府のおふれ書きがきっかけとなり、自然な形で「リデュース（Reduce・非廃棄）」、「リユース（Reuse・再使用）」、「リサイクル（Recycle・資源としての再利用）」を庶民が持続可能なビジネスとして体験設計し、それが根づいた成果ではないかと思われます。

古くて、大きな話ばかりの体験設計の例が続きましたが、現代においても多くの体験設計がなされています。戦後の日本の近代化に伴い、家庭内では電化が進みました。1950年代の三種の神器と言われたテレビ、洗濯機、冷蔵庫には入って

図5-4　身近な体験設計の例3

いませんが、三種の神器がすべて海外開発による物の日本化であったのに対して、日本文化の近代化を代表する体験設計として生まれたのが、まさに日本オリジナルの「電気炊飯器」です（図5-4）。米文化のこの国で、ご飯を主食とする日本人にとって、炊飯は最も日常的で大事な行為です。1955年、光伸社の三並義忠社長の考案で、東芝により製品化された電気炊飯器は完成までに3年の月日をかけています。当時の炊飯は米を研ぎ、水を計量して、火にかけ、火力を「はじめちょろちょろ、中ぱっぱ、赤子泣いても蓋取るな」と大変手間がかかる上、ちょっとの油断で焦げを作ってしまいます。主婦にとっては厄介な作業でした。この炊飯を電器による自動化をする体験設計が行われることで、初めての電気炊飯器が生まれました。しかし電気で炊くご飯への信頼は発売当初全くなく、日本全国で試食体験を繰り返し行い、ようやくその価値を認められたと聞いています。この話は学生時代に受けた吉岡道隆氏の講義の中にあったと記憶しています。この電気炊飯器による戦後日本の近代化のための体験設計はその後のダイニングキッチンによる台所革命へとつながっていきました。

5-3　三方良し、五方良し、七方良しのアプローチ

日本における体験設計的なビジネスの歴史はまだまだ古くから存在します。戦国時代の1549年近江国の六角氏に始まり、織田信長と豊臣秀吉によって広まった「楽市楽座」を起源とする近江商人のその後の活動には体験設計的な考え方が確実にベースにあると思われます。彼ら近江商人は「売り手によし、買い手によし、

世間によし」の思想をもって商いを行っていました。後の学者により「三方良し」の経営理念として紹介されましたが、これは「商売において売り手と買い手が満足するのは当然のこと、社会に貢献できてこそ良い商売と言える」という社会性を加味したビジネスの展開だったのです。これは正に社会性のある体験設計をいまに伝えるものなのです。近江商人の“三方良し”の体験設計では、地域の課題を解決しつつ、これにまつわるビジネスを推し進め、買い手の経験価値を高め、地域全体の経験価値を生み、さらに自分たち近江商人も大きな利益と地域や顧客からの信頼を得るという価値を手にするビジネスを行って発展したのです。現在は大手企業となっている多くの企業人の中にこの考えを貫き、大きなビジネスを成し遂げた企業人が数多くいます。

現代のビジネスではコモディティ経済から製品経済の高度成長期を経て、サービス経済となりました。働く人の7割が携わるサービスビジネスの体験設計では、生産者とユーザーをつなぐことの重要性や対人サービス業における担い手である雇用者の役割はさらに増大化しています。売り手〈提供企業〉良し、買い手〈使い手〉良し、そして世間〈社会〉良しだけでなく、社会構造の複雑化や多様化により、サービスビジネスを支える担い手〈サービスを行う人〉良し、作り手〈生産者〉良しが望まれる時代となり、ビジネスに「五方良しの体験設計」が求められています（図5-5）。

図5-5　社会性を加味した体験設計

サービスビジネスの「五方良しの体験設計」は誰もが知っている外食チェーンや飲食サービスで日常的に行われています。外食サービスの企画をするプロデュース企業（売り手）、これを利用する顧客（買い手）、食材や料理を供給する生産者（作り手）、客に飲食を直接サービスする店員（担い手）、そして、これらの存在によって豊かな食生活が営まれる社会（世間）というようにごく当たり前にサービス業では「おもてなし」を通じて、五方良しの体験設計を行っています。

さらに、ICTを利用した「五方良しの体験設計」の事例として、多くの人が最も実感しているが「SUICA」に代表される交通系ICカードシステムではないでしょうか（図5-6）。この事例については筆者が所属している日本人間工学会・アーゴデザイン部会の2008年3月のJR東日本IT・SUICA事業本部副本部長の椎橋章夫氏による「スイカの歴史と最新動向」の講演が思い出されます。講演によれば、当初は接触型オレンジカードシステムの耐久寿命によるメインテナンスの回避のためのDX化としてSUICAが導入されました。しかし、その後はSUICAの特徴を生かした鉄道構内での新しい体験設計（XD）が始まり、電子マネーやロッカーキーなど多くの経験価値を生み、現在では多くの人の「良し」を創り出すシステムとなっています。今後もSUICAはDXとXDの組み合わせで、新たな価値を生む五方良しの体験設計の良い事例となっていくと思われます。

さらに、これからの経験経済が担う経験価値社会では「五方良し」に留まらず、未来のビジョンに向けての体験を設計する「七方（しっぽう）良しの体験設計」が望まれることとなります。“売り手良し”、“買い手良し”、“世間良し”、そして“担い手良し”、“作り手良し”に加えて、地球環境を考慮して、人類が折り合いをつ

DX & XDで広がる五方良し

五方良しのサービスビジネスの体験設計

図5-6 「SUICA」は体験設計事例

図5-7　未来体験設計（Future Experience Design）

ける“地球良し”の体験設計と、人類の未来における体験を見据えた”将来良し“の体験設計が求められることになります（図5-7）。折しも、国連では世界に向けてSDGs（Sustainable Development Goals）を提唱し、17のグローバル目標と169の達成基準を設けて、人類の未来に警鐘を鳴らしています。これらの達成のためには私たちの身近なビジネスから、持続可能な社会を創るための「七方良しの体験設計」を実行することが不可欠な時代となって来ています。「七方良しの体験設計」は先にお話しました未来を見るフロントミラーを創ることとなり、一般的にはFuture Experience Design（未来体験設計）と呼ばれるものです。

5-4　SDGsと体験設計

ここで「七方良しの体験設計」の観点からSDGs17の目標について触れたいと思います。

1. 貧困をなくそう
　あらゆる場所で、あらゆる形態の貧困に終止符を打つ

2. 飢餓をゼロ

飢餓に終止符を打ち、食料の安定確保と栄養状態の改善を達成するとともに、持続可能な農業を推進する

3. すべての人に健康と福祉を

あらゆる年齢のすべての人々の健康的な生活を確保し、福祉を推進する

4. 質の高い教育をみんなに

すべての人々に包摂的かつ公平で質の高い教育を提供し、生涯学習の機会を促進する

5. ジェンダー平等を実現しよう

ジェンダーの平等を達成し、すべての女性と女児のエンパワーメントを図る

6. 安全な水とトイレを世界中に

すべての人に水と衛生へのアクセスと持続可能な管理を確保する

7. エネルギーをみんなに そしてクリーンに

すべての人々に手ごろで信頼でき、持続可能かつ近代的なエネルギーへのアクセスを確保する

8. 働きがいも経済成長も

すべての人のための持続的・包摂的かつ持続可能な経済成長、生産的な完全雇用およびディーセントワーク（働きがいのある人間らしい仕事）を推進する

9. 産業と技術革新の基盤をつくろう

強靭なインフラを整備し、包摂的で持続可能な産業化を推進するとともに、技術革新の拡大を図る

10. 人や国の不平等をなくそう

国内および国家間の格差を是正する

11. 住み続けられるまちづくりを

都市と人間の居住地を包摂的、安全、強靭かつ持続可能にする

12. つくる責任 つかう責任

持続可能な消費と生産のパターンを確保する

13. 気候変動に具体的な対策を

気候変動とその影響に立ち向かうため、緊急対策を取る

14. 海の豊かさを守ろう

海洋と海洋資源を持続可能な開発に向けて保全し、持続可能な形で利用する

15. 陸の豊かさも守ろう

陸上生態系の保護、回復および持続可能な利用の推進、森林の持続可能な管理、砂漠化への対処、土地劣化の阻止および逆転、ならびに生物多様性損失の阻止を図る

16. 平和と公正をすべての人に

持続可能な開発に向けて平和で包摂的な社会を推進し、すべての人に司法へのアクセスを提供するとともに、あらゆるレベルにおいて効果的で責任ある包摂的な制度を構築する

17. パートナーシップで目標を達成しよう

持続可能な開発に向けて実施手段を強化し、グローバルパートナーシップを活性化する

以上のSDGs17の目標を人類が求めるべき持続可能な開発目標のためのビジョンとして書き換えてみると以下のようになります。

1. 貧困をなくすことをビジョンに
2. 飢餓をゼロにすることをビジョンに
3. すべての人に健康と福祉の提供をビジョンに
4. みんなに質の高い教育の提供をビジョンに
5. ジェンダー平等の実現をビジョンに
6. 世界中に安全な水とトイレの実現をビジョンに
7. クリーンエネルギーの供給をビジョンに
8. 働きがいも経済成長もあることをビジョンに
9. 産業と技術革新の基盤づくりをビジョンに
10. 人や国が平等となることをビジョンに
11. 住み続けられるまちづくりをビジョンに
12. つくる責任 つかう責任のあることをビジョンに
13. 気候変動対策の具体的な実施をビジョンに
14. 海の豊かさを守ることをビジョンに
15. 陸の豊かさも守ることをビジョンに
16. すべての人が平和と公正を享受できるようにすることをビジョンに
17. 協創・共創で目標を達成することをビジョンに

ビジョンとして書き換えると、どれも当たり前のことであり、すべてが今すぐに実現されるべきビジョンであるように思えます。ただ、これらのうち、産業界や行政がビジネスのビジョンとして体験設計に取り組みやすいものと、かなり政治的な国際協調によるポリティカルな度合いの強いビジョンがあります。体験設計はソーシャルデザインではありませんから、公的な取組みがつくり出す市民の体験を設計することはできると思いますが、社会を直接改善させる法律や行政など政治的な枠組みの設計をすることは難しいと考えます。

ここではビジネス的と思われるビジョンとして12項目を取り上げ、体験設計のテーマとして書き換えてみました（図5-8)。このように12項目の語尾を体験設計とするだけで、様々なビジネス開発テーマの可能性が生まれてきます。

こうしたテーマをヒントにして社会や顧客、ユーザーを巻き込んだ体験の設計が行えれば、「七方良しの体験設計」の実現も夢ではないと思います。なお、以上に挙げた体験設計テーマはもちろん壮大なタイトルとなっていますが、これを自分たちのリソースとの関わりや現時点での自分たちの顧客をイメージして、より具体的なテーマとしての行為の言葉を充てると、地についた体験設計のテーマとなります。

すべての人に健康と福祉の体験設計

みんなに質の高い教育のできる体験設計

ジェンダー平等を実現する体験設計

世界の安全な水とトイレ実現の体験設計

働きがいも経済成長もある体験設計

産業と技術革新の基盤を創る体験設計

住み続けられる街づくりの体験設計

創る責任つかう責任のある体験設計

気候変動対策実現の具体的な体験設計

海の豊かさを守る体験設計

陸の豊かさを守る体験設計

協創・共創で目標を達成する体験設計

図5-8　SDGsの17目標中に含まれる12の体験設計テーマ

Chapter 6
体験を設計する9つの視点

では具体的に経験価値を生み出す体験設計をするためにはどのような点を考慮すべきでしょうか。

ここでは体験設計を推し進める上での9つの視点を提示します。この視点は意図的に経験価値を生む体験設計を行うためのチェック項目と考えてください。

①体験**ドメイン**は経験する対象領域を設定する設計視点です。

②体験**テーマ**は経験する意味を探索し、目的を設定する設計視点です。

③体験**レベル**は経験を革新する規模を設定する設計視点です。

④体験**ステージ**は経験を展開する背景を設定する設計視点です。

⑤体験**ロードマップ**は経験を評価する世代を設定する設計視点です。

⑥体験**モジュール**は経験を構成する要素を考察する設計視点です。

⑦体験**ジャーニー**は経験を獲得する経緯を展開する設計視点です。

⑧体験**バリューチェーン**は経験を実現する連携を考察する設計視点です。

⑨体験**イントロ**は経験の獲得に向けて導入を促す設計視点です。

以下に、これらの経験価値を生み出す体験のための設計視点について詳しく説明します。

6-1　経験する対象の領域　⇒　体験ドメインの設計視点

実際に経験価値を得るにはどのような領域に目を向ければよいでしょうか。まず、提供者である企業や組織が生活者やユーザーにうれしい価値を体験設計するユーザーエクスペリエンス（User Experience・UX）が一般的です（図6-1）。UXは製品やサービスを利用するユーザーを第一義と考えて設計する概念です。また、UXは人間中心設計（HCD）の考え方に則り、技術や販売、市場や製造といった企業寄りの視点ではなく、ユーザーである生活者の視点に立つことが求められます。

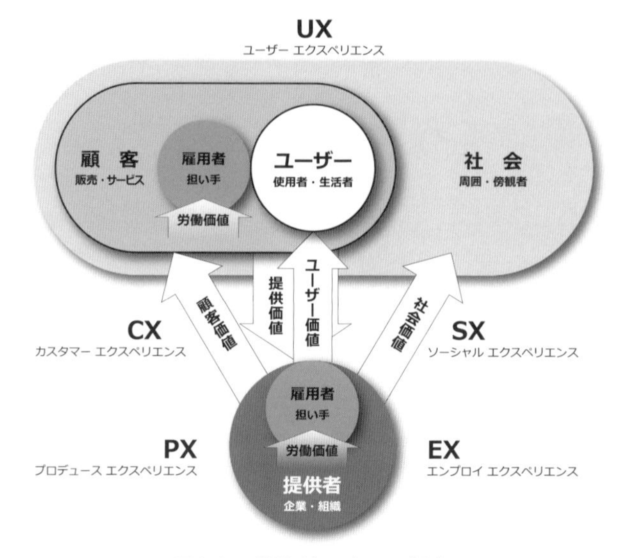

図6-1　体験ドメインの視点

しかし、製品、サービスを生活者に届けるためには、やはり販売や流通などの第三者を介する場合が多々あります。この仕組みなくして現在の経験価値の提供は考えにくいところがあります。特にサービスではサービスの担い手が提供者にとっての顧客となるケースが多いと思われます。この顧客≠ユーザーであることをユーザーと区別して顧客に対する価値づくり、すなわち顧客価値を体験設計するカスタマーエクスペリエンス（Customer Experience・CX）を考慮する必要が出てきます。顧客とユーザーが同一の場合はこれまでの対応でよいかもしれませんが、これが異なる場合は経験価値に対する考え方も異なります。例えば、提供する製品やシステムを顧客が受け取り、これを活用して顧客がユーザーにサービスを行うような場合、このCXはサービスを実現させることが顧客のビジョンを満足させることとなるため、顧客自身が納得できる体験でなければ、その先のユーザーまでその価値はたどり着かないことになります。そういう意味で、UXとCXは分けて考える視点が必要になることもあります。

さらにユーザーや顧客がそうした経験価値を享受できれば、自ずと周囲や傍観する人々、いわば社会にも影響は及びます。彼らは物言わぬ傍観者ではありますが、そうした人々は将来におけるこの経験価値の体験者となる可能性もあります。

また、彼らは地域やネット環境の中でコミュニティを形成し、体験の社会実装やブランディングに大きな影響をもたらします。すなわち、こうした周囲にいる社会の人々の社会的価値を体験設計するソーシャルエクスペリエンス（Social Experience・SX）まで考えに入れることが求められるのです。

ところで、人間中心設計的に考えると提供者側の経験価値も大切です。特にサービスを実行する提供側の雇用者の体験をないがしろにした経験価値は永続きしません。このため、雇用者の経験価値を体験設計するエンプロイエクスペリエンス（Employ Experience・EX）も領域の一つとして考えることになります。

最後に提供者自身にうれしい経験は必要ないでしょうか。そんなことはありません。対価は金銭だけでなく、役に立っている実感や評価と社会的な位置づけを示すブランドなどの価値が生まれることを望んでいます。いわば、提供者の経験価値を体験設計するプロデュースエクスペリエンス（Produce Experience・PX）が望まれています。

このように体験ドメイン（領域）を設定して設計することも体験設計の視点として必要ですし、UX、CX、SX、EX、PXの各ドメインをどのようなバランスでコントロールして設計していくかの視点も欠かせません。どの領域を対象とした体験設計なのかも重要な視点です。

6-2　経験する意味の探索　⇒　体験テーマの設計視点

体験設計ではどのような意味を持つ経験を創出するかの方向性を定めること、すなわち体験テーマを決めることが極めて重要となります。ユーザーの様々な事象観察から解決すべき課題を抽出して課題を設定することはデザイン思考では一般的で、クリステンセンの『ジョブ理論』[32]の中でもこのことが提唱されています。この考え方ではまず顧客・ユーザーの事象観察ありきで、気づきを得ることから始まります。ただ、ビジネスは漠然とした観察から始めるわけではありませんので、テーマ設定によって見定める方向性が大きく左右すると考えます。これに対して、業種・業界の専門家やその道に通じたエンジニアやプランナー、デザイナーの先見力や発想力により、対象の行為をこれまでと異なる意味で高め、革新性を検証していくことにより課題を設定するロベルト・ベルガンディの『デザイン・ドリブン・イノベーション』[43]での提唱も課題設定には大切な考え方です。

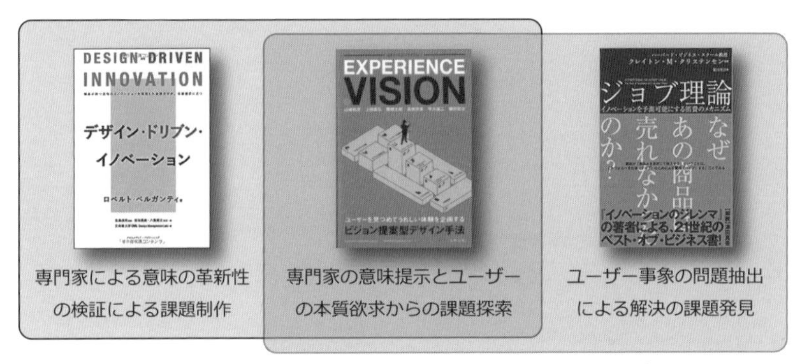

図6-2　体験テーマづくり（Experience Theming）

ただ、この考え方は専門家のスーパービュー（先見性）が重要視されるため、顧客やユーザーとの接点に近づけることがテーマ設定の段階では難しい状況も出てきます。

どちらの考え方ももっともであり、体験設計のテーマづくりとしては、どちらからテーマを導き出しても体験を設計する上では良いテーマづくりとなると思います。しかし、できれば、これら両方のアプローチの良いところを取り入れてテーマを導き出すことができればそれに越したことはありません。

そこで体験設計では「エクスペリエンスビジョン」的な体験テーマづくり（Experience Theming）により、専門家からのアプローチと、顧客・ユーザーからのアプローチの両面からテーマづくりを試みます（図6-2）。内容としては自らのリソースである保有技術や獲得市場から発想できる顧客やユーザーの先見性のある行為に着目します。そして、業種業界の事情や将来像などを考察できる専門家にとって意味の革新性を感じられる行為の探索を行います。また、これまでの顧客やユーザーの様々な事象の観察から分かる潜在的な要求を推し量って、意味のある行為を探索します。さらに、現在、私たちが直面している社会課題に関する行為を探索します。この3つの探索により着目される行為を総合してテーマを設定していきます。体験設計ではこの体験テーマの設計が重要な役割を担い、プロジェクトがスタートできるのです。そして、この設計されたテーマがビジネスの未来デザインを大きく変えるのです。

6-3　経験を革新する規模　⇒　体験レベルの設計視点

体験設計では「行為の言葉」によるテーマからスタートすると未知の世界のイノベーションビジネスだけがイメージされるようです。しかし、経験価値の開発における革新には様々なレベルがあり、それに合わせた体験設計があることを認識すべきです（図6-3）。

一般的に最も多く行われるのが、製品・システム・サービスの内容改善のための体験設計です。このレベルでは操作や作業、手順などの体験づくりが行われます。すなわち、あるシーンで行われるタスクに求められる経験のビジョンを起点とした体験設計となります。このタスクオリエンテッド（Task Oriented）な体験設計では現状のタスク分析から分かる課題を解決する問題解決型ではなく、「本来ならば…なタスクの方が良い」という実現されるタスクのビジョンを描いて、これを実現すべくアイデア展開し、新たな手段の導入をします。このタスクビジョンによるアプローチは通常の問題解決型に近似しがちですが、あるべきタスクの形を描いて進めることで、個々の問題解決の集合とは異なる全体を見据えた効率の良い合目的的な開発が可能となります。

次のレベルはビジネスの作法変革のための体験設計です。このレベルでは特定の環境や状況、条件下で体験づくりを行う設計です。すなわち、ビジネスのシーンを特定して、そこに求められる経験の展望（ビジョン）を起点とした体験設計です。このシーンオリエンテッド（Scene Oriented）な体験設計では、ある行為の中で特定のシーンを設定して、その条件下でその行為のあるべき姿をビジョンとしてシナリオを描く形でアイデアを展開します。シーン条件だけが決まってい

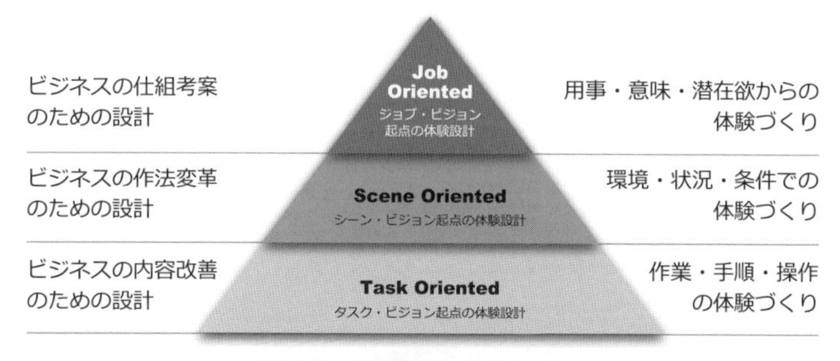

図6-3　体験設計の各レベル

るだけなので、既存の製品・システム・サービスにとらわれることなく、そのシーンで行われる行為にとって、より効果のある効率的な解をシナリオづくりで実現していきます。体験レベルとしては、このシーンオリエンテッドな体験設計が最も理解されやすいのではないかと思います。

最も革新的なレベルを求めるのがニュービジネスの仕組考案のための体験設計です。このレベルでは「行為の言葉」で表される用事や様々な事象の意味、そしてユーザーの潜在的な欲求から体験づくりを行います。ということは、あらゆるジョブに対して求められる経験のビジョンを起点とした体験設計となります。このジョブオリエンテッド（Job Oriented）な体験設計ではテーマとなる行為しか規定するところはなく、自由な発想で行為の将来展望を描くことになるため、より現状の課題解決の方法とは異なる広い視野での体験のシナリオが描けます。ただ、あまりにも漠然として、荒唐無稽となることを避けるため、ビジネスを提供する方針や社会の将来展望を見据えて、ユーザーの本質的要求の探索に沿いながらシナリオ展開して、実現方法を模索していきます。ここで生まれる新しい体験は潜在的な深層欲求に対応するものとなり、往々にしてこれを望む顧客やユーザーがその時点では存在しない場合があり、既存の市場を壊しながら、新たに顧客やユーザーを探したり創ったりしていくことになるケースが多いようです。

以上のように、ビジネスの提供によって獲得する顧客やユーザーの経験を革新する規模に合わせて、体験設計のレベルを変えて開発を行うことで、どのような開発にも体験設計を活用することができるのです。

6-4　経験を評価する世代　⇒　体験ロードマップの設計視点

体験設計では未来の経験価値の創出が目的となるので、目標達成のための管理ツールとして、また合意形成ツールとしてのロードマップを描く必要があります。ロードマップは様々な情報から将来の技術革新、社会環境の変化などを予測して、ビジョンであり、理想である目標を描きます。これは未来の情報だけでなく、現時点までに顧客やユーザーが生活の中で、それぞれの人に影響を与えた過去のエポックな出来事、政治や経済の転換点、変化を象徴する社会環境の事象、そして時代を変えた技術革新などの情報を参考にすることになります。

また、体験設計では経験する人も時間推移とともにその個人的な生活が変化し

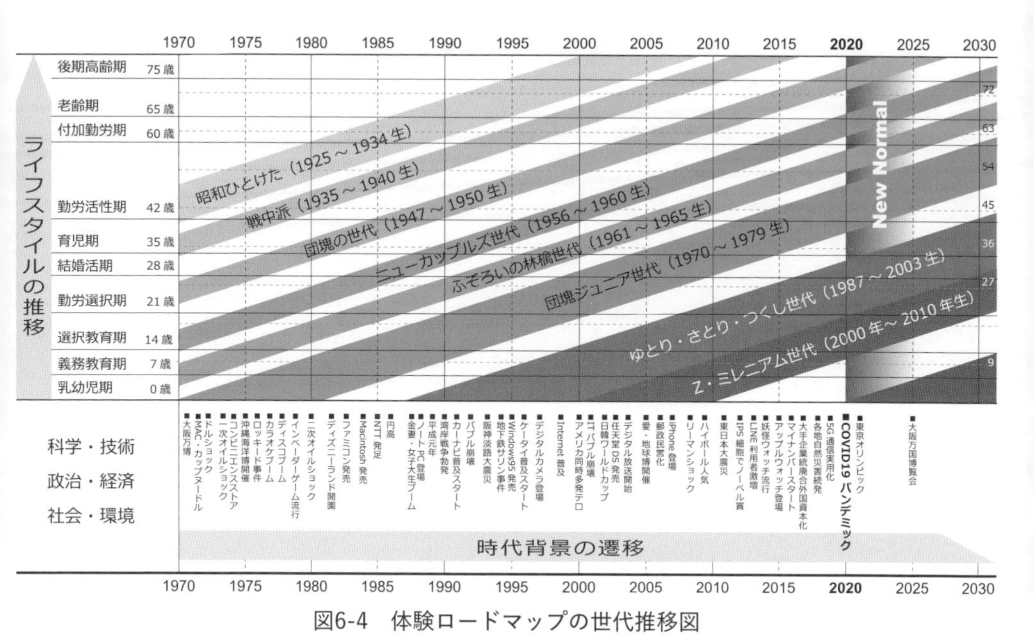

図6-4　体験ロードマップの世代推移図

ていきます。すなわち、人は生まれてから死を迎えるまでいくつかのライフステージの年代を経ます。ここでは一般論として、まだ意識のない0歳から6歳までの「乳幼児期」、すべての人が平等に教育を受ける14歳までの「義務教育期」、働き始める人もいれば高等教育を受ける人もいる21歳までの「選択教育期」、社会に出て自らの職業を探し求める28歳までの「勤労選択期」、家庭を持つための準備をする35歳までの「結婚活期」、仕事と子育ての両立に奔走する42歳までの「育児期」、仕事に専念して達成感を得ようとする60歳までの「勤労活性期」、後進に席を譲り仕事だけでない人生を探し始める65歳までの「付加勤労期」、第二の人生と仕事以外の喜びを得る75歳までの「老齢期」、そして、それ以降の健康と長寿を願う「後期老齢期」の10期のライフステージに分けています（図6-4）。

このロードマップとライフステージの中に登場する経験の当事者が誰かで、その価値の評価は大きく変わることになります。その体験が強く響く人がいれば、あまり響かない人もいますし、良い印象で捉える人も悪い印象と捉える人もいますし、もちろん無関心な人もいます。これは人が生まれてからこれまでの間に様々な経験をし、それを基にその価値を評価しているからです。人それぞれは異なることは間違いありませんが、ビジネスの対象とする人を総じてセグメントする上では、彼らの価値観がその評価に大きな影響を与えます。ゆえに、時代と年代の２つの要素から世代論が生まれ、世代の特性が顕著となり、他と区別されています。

この世代に対して、過去のマーケッターたちは各世代に名前を付けています。図6-4の体験ロードマップによる世代推移図（Generation Transition）では1925年から1934年生まれの「昭和ひとけた」世代、1935年から1940年生まれの「戦中派」世代、1947年から1950年生まれの「団塊の世代」、1956年から1960年生まれの「ニューカップルズ」世代、1961年から1965年生まれの「ふぞろいの林檎世代」、1970年から1979年生まれの「団塊ジュニア世代」、1987年から2003年生まれの「ゆとり世代」「さとり世代」「つくし世代」、そして2000年から2010年生まれの「Z世代」「ミレニアム世代」などに分類しています。

なお、このほかにも特徴的な世代はあるかと思いますが、ここではこれらの世代を取り上げています。各世代の経験に伴う価値観は大きく異なり、提供する製品・システム・サービスがもたらす経験価値に対する評価もそれぞれです。このロードマップを参考にして組み立てることは体験設計の対象を把握する上で重要な視点となります。もちろん、世代論だけが人をセグメントして評価するものではありません。ジェンダーの違い、生活・居住した地域、国際社会との接点の広がりなどによっても評価基準は異なると思います。

以上の考え方から過去の経験から未来に向けての世代間の評価に着目した体験ロードマップからペルソナやターゲットを特定して行う設計視点は必須となります。

6-5　経験を構成する要素　⇒　体験モジュールの設計視点

経験は体験を構成する内容次第でその価値が決まります。これについて経済学者のバーンド・H・シュミットは彼の著書『経験価値マーケティング』[18]の中で、ユーザーの経験に基づく価値を「戦略的経験価値モジュール」（Strategic Experiential Module）とし、５つのモジュールを定義しています。

第1のモジュール　顧客やユーザーの視覚・聴覚・嗅覚・味覚・触覚といった五感によって感じられるすべての刺激や興奮に関する感覚的な経験の訴求を促

す「**Sense**」です。

第2のモジュール　醸し出される雰囲気から気分の高揚や感情の変化に影響を与える情緒的な経験の訴求を促す「**Feel**」です。

第3のモジュール　知性や好奇心、感動や挑発などによる創造志向の認知的な経験の訴求を促す「**Think**」です。

第4のモジュール　肉体的活動やライフスタイルの変化への示唆に関する行動的な経験の訴求を促す「**Act**」です。

第5のモジュール　文化や社会と自己がつながるコミュニティの中でのアイデンティティ構築に関する関係的な経験の訴求を促す「**Relate**」です。

以上、経験価値を構成する５つのモジュールは体験に共感をもたらす上での大きな要素であり、体験の情動を設計するための拠り所となります。体験設計ではこれらの経験価値を生み出すモジュールに着目して、その体験が何に訴えかけることになるかを常に意識して設計することになります（図6-5）。

Senseを活用した体験設計では体験がより五感に対する物理的で肉体的な「感覚的」要素を取り入れて設計します。Feelを活用した体験設計では体験する環境や状況などの設定により、気分や心持ちをコントロールする「情緒的」要素を演出する設計をします。Thinkを活用した体験設計では体験の理解から思考を促し、知的な好奇心や創造性を生む「認知的」要素を含ませる設計を行います。また、これとは対照的にActを活用した体験設計では顧客やユーザーの肉体を使い、活動を変えていく「行動的」要素が行える設計をします。こうした精神と肉体の体験設計を実行することで、Relateを活用する体験設計では社会やコミュニティとの関わりを帰属感として感じられる「関係的」要素につなげていく設計を行うことになります。

これらの体験モジュールによる体験設計はそれぞれ単独で設計されるだけでなく、これらの要素を

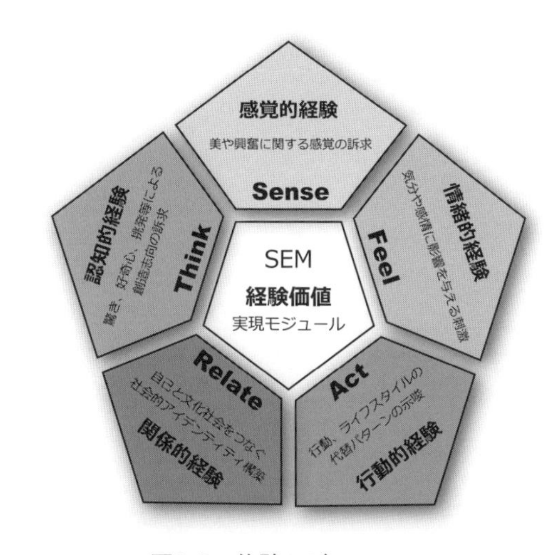

図6-5　体験モジュール

バランスよく組み合わされて設計する視点を持つことで、より現実的な経験価値を生むこととなります。体験モジュールの「感覚」「情緒」「認知」「行動」「関係」をいつも意識して設計することで、魅力ある経験を価値あるものにできるのです。

6-6　経験を展開する背景　⇒　体験ステージの設計視点

経験価値を得ることは行為が同じでも体験する場によって、その価値の意味と評価は大きく異なります。本来、「新たなうれしい経験」は「何に（What)」よって、「どのように（How)」して、経験するかが重要ですが、それだけでは体験設計を具現化するには条件が足りません。それが「いつ（When)」「どこで（Where)」「誰と（with Who)」といった「場」の設定、すなわちステージング（Staging）がなければ体験設計の展開は現実的ではありません（図6-6）。

例えば、「座る」という行為は家庭で、オフィスで、工場で、病院で、駅で、劇場で、テーマパークでなどどこでも起こります。しかし、そこでどのような経験価値が生まれるかは様々なシーンで異なり、体験設計の解はそれぞれで必要となります。これはそれぞれの場で「椅子」の形が違うという解に収まらず、その設置数、設置場所、いつ座るか、誰がどんな人たちと座るか、何のために座るかなど、座る体験がそれぞれ異なっていることを表します。

体験設計では体験ステージの発見とその設定次第でその意味が大きく変わることを前提としてください。体験のステージングはその経験に関わる顧客やユーザ

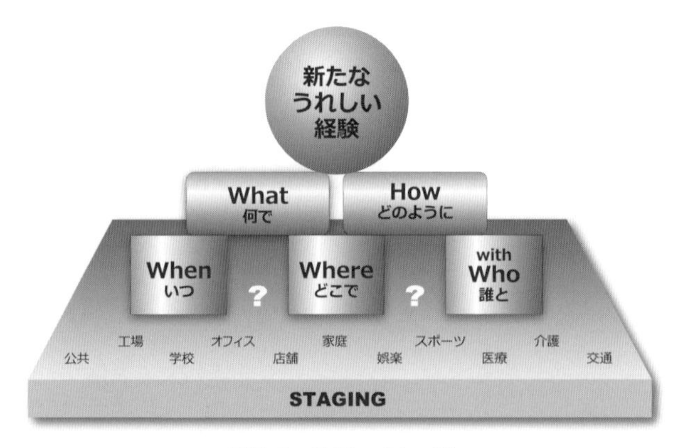

図6-6　体験ステージ

ーだけでなく、ステークホルダー、周囲の人々を交えて共創する場となります。設定次第でキャストも変わり、演じる内容も異なってくるので、当然、体験のシナリオも大きく変わります。

また、体験設計を行うにあたっては設定した場で展開していくことが一般的かもしれませんが、設計段階では、テーマから生まれる新たな魅力ある体験が始めに設定されていた場だけでなく、What、Howが最も適切にうれしい経験を実現できる新たな別の場を創り出すというステージングの醍醐味もあります。すなわち、経験価値の実現のために「場（Stage）」自体の設計を行うということも起こります。このように体験ステージの設計視点はシーン発想であり、シーン構築の創造行為なのです。

6-7　経験を獲得する経緯　⇒　体験ジャーニーの設計視点

UX開発で大変多く使わる調査手法として、顧客やユーザーの過去の経験をたどるジャーニーマップ（Journey Map）があります。これは経験を得る経緯を時間経過に沿って記録するものです。ジャーニーマップは進行の段階を表すプロセス、そして人・物・システムなどとの接点（タッチポイント・Touch Point）を記録します。そして、これに伴い考えたこと（Thinking）、行動したこと（Activity）、そしてその時々の気持ち（Emotion）も記録します。この時間経緯の中の経験を分解して分析することにより、それぞれの関係性から顧客やユーザーへ提供するユーザビリティやサービスに対する気づきや課題を発見することができます。

ジャーニーマップはユーザーのあるシーンについての分析が一般的ですが、複数のステークホルダーを含めた、しかも連続した多くのシーンを長時間かけて行う大規模な分析もあります。また、ジャーニーマップとは言いませんが、特定の製品・システム・サービスのある限られたシーンにおける作業を記録して分析するタスク分析も、この時系列に基づく分析の一種です。これらの方法を取り入れることで、製品・システム・サービスの時系列な展開の中で顧客やユーザーの経験との関係性を探ることができます。

体験設計ではこの手法の要素を創造的に活用して、体験のテーマとそのビジョンに基づいた体験ジャーニーを意図的に設計します（図6-7）。この場合、ジャーニーマップ同様に、体験レベルを鑑みてタスク起点か、シーン起点か、はたまたジョブ起点かを区別して展開します。タスクレベルの体験ジャーニーはタスク分析に近いものとなります。また、シーンレベルの体験ジャーニーは一般的なジャーニーマップに近いものとなります。ジョブレベルとなるとシーンレベルにステークホルダーとの関わりを加え、シーンを複数に分けて、その間の関係を明らかにする設計を行います。

具体的には時間軸に沿った大まかなプロセスを設定し、その中のタッチポイントにおける顧客・ユーザーと製品・システム・サービスとのやり取りを、ビジョンに基づいて「…であるべき」として展開していきます。まず、想定されるタッチポイントを記載し、それに対して何を考えるか、どう行動するかを"Thinking"と"Activity"に書きます。その中で、逆に新たなタッチポイントが必要であれば書き足していきます。一連の流れの中で、感情的にストレスの発生しそうな個所やここでは是非、楽しさや満足感を得てほしいところを"Emotion"の気持ちの流れとして書き入れていきます。そして、その感情が起こるようにアクティビティとタッチポイントのシナリオを工夫して再構成していきます。以上のように、その時々のユーザーの考え、それによって起こす行動、そしてやり取りの上で湧き起こる気持ちを想定してシナリオとして反映していきます。

体験ジャーニーの設計ではインタラクティブ小説やゲームのように多岐にわたる分岐も起こりますが、ユースケースの仕様づくりと異なり、経験価値に大きく

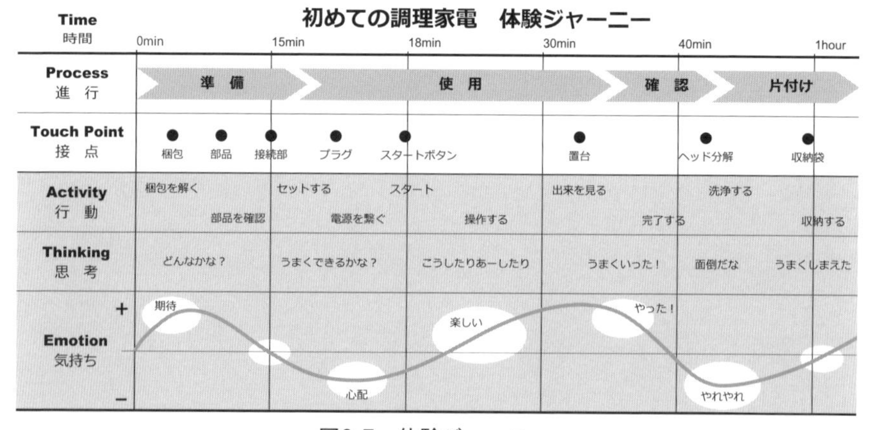

図6-7　体験ジャーニー

関わる価値筋の体験を時間軸で展開して捉える視点を持つことになります。

6-8 経験を実現する連携 ⇒ 体験バリューチェーンの設計視点

ここまではいかにして魅力的で新しい経験に価値を与えることができるかの視点について述べました。しかし、その価値は机上の空論では意味がありません。これまで、多くの企業は新たなビジネスの際、企業内だけでできることで実現しようとしてきました。しかし、実現には多くの部門の連携や他の組織との連携も起こす必要が出てきます。また、一般的には一つの組織が持つリソースには限りがあり、必要なリソースのすべてを用意し、1社で実現することはなかなか難しくなります。これでは新たなイノベーションをもたらすビジネスの実現は困難を極め、中途半端になりがちで成功につながらないケースが多々あります。これに対応するため、最近の多くの大手企業はオープンイノベーションプログラムを起動させて、企業や研究機関との連携を試みています。

体験設計では新たな体験を実現させて、価値を提供して初めて体験設計が完了したと言えます。そこで、うれしい体験がシナリオとして完成したとき、これを機能の仕様としてまとめますが、顧客、ユーザーやステークホルダーを中心に設計されたシナリオの実現のためには多様なリソースをどのように集めるかが設計の大きな鍵となります。体験シナリオの仕様を実現するために必要な製品づくり、システムづくり、サービスづくり、人材づくり、販売づくり、そして資金を具体的にどうするかを検討する必要があります。特にものづくりだけに済まないサービスの構築に至っては別業種、他業界との連携も視野に入れることになります。ここは意固地にならず、経験価値を提供するために、こうした他の組織や人材との協創を想定した連携（Experience Value Chain）の設計をする視点を持つことが必要です。

『EXPERIENCE VISION』に掲載されている「ワードローブ洗濯機」の例題ではユーザーが洗濯の新しい経験価値を生むためのバリューチェーンを模式化したものを掲載しています（図6-8）。「ワードローブ洗濯機」を掻い摘んで説明すると、住宅に設えられたワードローブに衣類を掛けるだけで、洗濯され、清潔に洗浄されるエア洗浄の機能を持ち、エア洗浄だけでは落ちない汚れのあるものは自動でクリーニングサービスにつながり、専門家による洗浄が行えるという連携

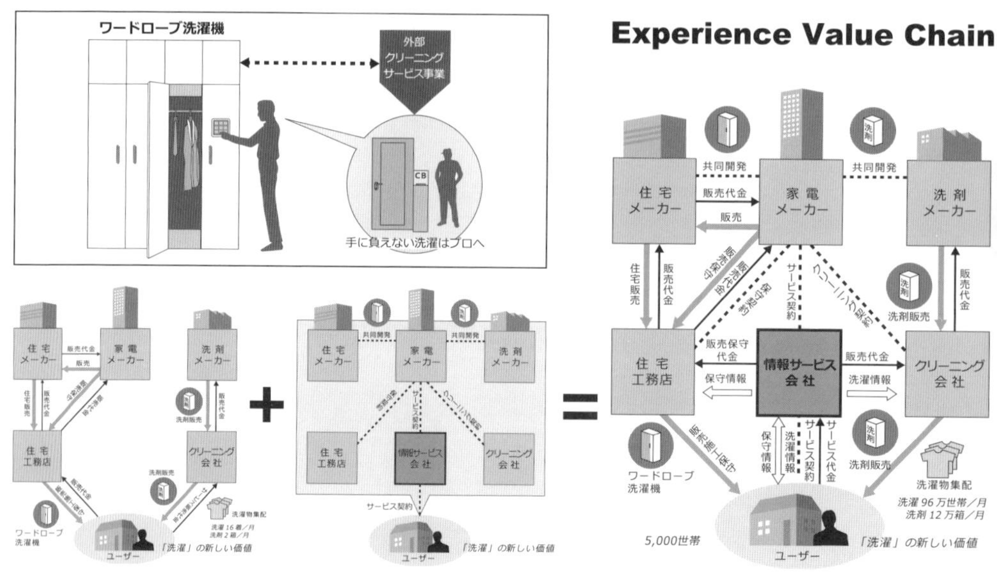

図6-8 「ワードローブ洗濯機」の体験バリューチェーン

したサービスです。これには洗濯機製造の家電メーカー、規格住宅のメーカーとエア洗浄の洗剤メーカーが連携し、これらの顧客との接点として、住宅施工の工務店、洗剤供給と専門クリーニングを担うクリーニング会社が携わります。さらに情報サービス会社が加わり、ユーザーからの情報と金銭のやり取りを管理することで、これらのビジネスが円滑に持続可能となる仕組みとなっています。図6-8の右図では体験設計実現のための枠組みとして、必要とされる役割を担う企業間の業務提携の契約を示しています。これにより生まれる共同開発の連携と製品や消耗資材（リフィル）の物流が示されます。さらに、ユーザーへの施工や供給のサービスの流れ、これらを広報、販売し、代金を回収する商流、そして、これらすべてが円滑に持続的に運営されるための情報の流れを考察しています。このような体験バリューチェーンを設計することで、ビジネスボリュームの予想ができ、体験設計の効率性や実現性をあらかじめ想定できるため、事前に無理のない開発プロセスとスケジュールや投資額の予測が可能となります。特に自社だけで進めない場合はこれらのことを綿密に計画して、革新の意識を共有できる協創仲間のコミュニケーションに体験バリューチェーンを活用する視点が重要です。

6-9　経験の獲得への導入　⇒　体験イントロの設計視点

多くの人はこれまでにない経験ができるとか、それが素晴らしい経験だと言われても、これまでに全く経験したことのないことを素晴らしい経験として、躊躇なく受け入れる人は少ないのではないでしょうか。多くの人に新しい経験をすんなり受け入れてもらうことは大変難しいと思います。これは慣れないことや未知のことに対する不安や恐怖など様々な理由が存在しています。そのため、多くの人々が魅力ある新たな経験をうれしい価値として獲得してもらうために提供者としての戦略が必要だということです。体験設計で考案された未知の製品・システム・サービスが革新的で、大変良い提案だとしても、この経験の獲得までの導入プロセスを踏まえた体験イントロの設計を機能設計、実施設計に進む前にイントロステップとして仕込んでおくことを勧めています。イントロステップでは新たな経験価値の誕生を確実に社会実装するためにビジネスの信頼を得る「世界観」づくりが重要となります。そのため経験価値を獲得する段階で、体験設計によって生まれる世界観をイメージして、これを考慮した設計が必要です。

また、体験設計のレベルの違いによる導入プロセスの違いを意識したイントロステップのシナリオの考察も必要です。Job Orientedな体験ではユーザーや顧客にとっては初めての行為となるため、行為自体の違和感もあります。行為を行った結果に対しても不安を伴うので、その受容性に対しての配慮が必要です。Scene Orientedな体験では普段慣れた既成環境や既成状況の下でこれまで行っていた行為や経験との間で違和感を持つことがあります。この違和感を軽減するために既存の体験とのつながりを大切にした配慮が必要となります。Task Orientedな新しい体験の導入では習慣化した操作や手順との折り合いをつけることやこれまでの延長の中から新しい経験価値を魅力的に感じてもらえる工夫も欠かせません。とはいえ、どんなに魅力的でもこれまでにない体験を受け入れるには時間とその効果に対する良い評価が求められます。当然、なかなか受け入れられないと覚悟した上で導入手順を計画的に進めることになります。

新たな経験への導入では、体験への適度な思いを「経験期待」として、これを意図的にコントロールするイントロステップの視点があります。ここで適度と表現したのは、期待の小さい体験をしようとは思わないでしょうし、実際より期待が大きすぎると体験した後の落胆につながり、評価が悪くなるからです。そこで、イントロステップでは顧客やユーザーへのアプローチとして、経験の獲得までの期待のコントロールを4つのステップのシナリオで行います（図6-9）。そして、このシナリオから生まれる仕様も開発段階に盛り込むことにより、導入が容易となる配慮をします。

まず、最初のステップは経験期待への接点となる「**気づき**」のシナリオの考察です。ユーザーや顧客にとっての気づきは課題に対する共感のシナリオです。提供側と受け取る側との間で悩みや問題意識を同様に感じ、これに対するビジョンを提示できる場をつくり出すことが必要となります。「気づき」のシナリオではメディアなどの手段をどうするかという議論が多くされますが、気づきは手段が中心ではなく、信頼を共有できる気づきの内容に注目すべきです。そして、手段は様々あると思いますが、何を提示するといま気づいてくれるか、最初は誰に提示するのが良いのか、その人はどこにいるかが大切です。

次いで、気づいた経験期待に対しての情報収集としての「**探索**」のシナリオとなります。課題に対してと、そのビジョンに対する共感を得たとき、それが具体的にどのようなものかを知りたくなるものです。このステップのシナリオは何がどう解決されるのかが明快であることが必要です。クラウドファンディングで多くの支援者を得るプロジェクトはここを大変上手に掴んでいるものが多いと思います。顧客やユーザーが知りたいと思う期待に対する不安なポイントを的確に抽出して提示しておくことはもちろん、期待を膨らませることのできる将来へのつながりが探せることも大切です。こうしたことを経験期待の探索の成果として提

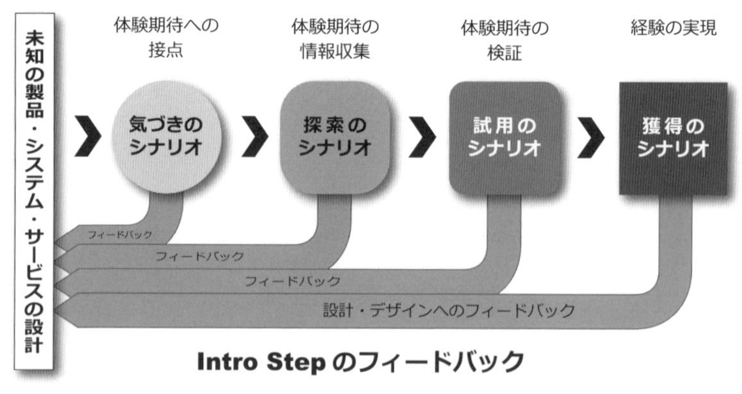

図6-9　体験実装のイントロステップ

示することを想定したシナリオに盛り込めると期待に応えることができます。

そして、情報で共感できた経験期待の検証としての「**試用**」のシナリオとなります。多くの情報から得られた経験期待を自分のものとして検証するためには、やはり自らが体験しないと納得はしないものです。とはいえ、提供側の試すための仕掛けづくりは、内容によっては大変厄介なものです。店頭での商品販売などですと、その場である程度は可能ですが、ネット通販やサービスの販売ではひと工夫が必要となります。この試用のシナリオも開発段階から考慮したシナリオを用意することをお勧めします。

さらにはその期待を現実のものとする経験の所有を目的とする「**獲得**」のシナリオの考察が最後にあります。試して高評価であっても、いざ対価を支払っての取得となると、より複雑な思いが顧客やユーザーにはあります。多くの場合、価格と自分状況との適合、そして継続的な利用への不安です。これらについても、価値と価格のバランスや様々なシーンに対応した汎用性、そして経年変化やトラブル対応などのシナリオを開発段階から考慮し、獲得のプロセスで分かりやすく提示できる配慮が適切な期待感を生み、手に入れる背中を押すのです。獲得のシナリオでは技術的積上げによる原価に基づいて価格を論じますが、新しい体験ではその魅力次第でその価値が決まります。その意味で、造るために必要な費用からの価格決定ではなく、顧客やユーザーの本質的要求達成度合いに応じた価格を提示することで、獲得のシナリオにおける価値提供の必然性が生まれます。もちろん、積上げた原価を割るような本質的要求に対する価値の実現度の場合は、始めに戻ってでも価値を上げる体験設計をやり直すべきです。また、獲得のシナリオでは直接的価値交換だけでなく、仕掛けを考慮した間接的価値交換のシナリオを考える視点を持つべきです。

以上がイントロステップですが、ここで言う気づき、探索、試用、獲得のシナリオとは、これらを実現するメディアや場といった手段のことだけではなく、テーマやビジョンに基づいて創出されたコンセプトをどのように実現しているかなどの内容をどのようなアプローチで伝えるかのシナリオを意味します。そしてこれらのシナリオは開発が終了してからでは手遅れで、開発の中で必要とする手立てをその製品・システム・サービスに仕込んでおくことが肝要です。

以上が経験価値を提供するために、体験設計をするときに配慮すべき9つの視点であり、ポイントとなります。

Chapter 7
体験設計の実践プロセス

体験設計を企業や組織で実践するためのプロセスは方向性を定める「ビジョン（Vision）」から物語づくりの「シナリオ（Scenario）」へ、そしてシミュレーションの「プロトタイプ（Prototype）」と評価分析の「エバリュエイト（Evaluate）」となり、導入計画としての「イントロデュース（Introduce）」へ進む5つのフェーズがあり、これらを行き来して発想から社会実装へとつなげていきます（図7-1）。

Vision　プロジェクトのビジョンを探索しテーマを定めるフェーズです。行為に関わる事象や気づきからテーマづくりを行います。そして、そのテーマにまつわる多くの人の本質的な要求の収集と体系化を行います。

Scenario　体験を仮想のストーリーとしてつくり出す物語づくりのフェーズです。一気に本格的なアイデアのシナリオを描き上げるのは難しいため、ここでは価値を実現させるプロセスのシーンを描き、そのプロセスを明確化していくことが必要です。粗いシナリオからだんだんに精緻なシナリオへと作り込んでいくことになります。ストーリーはその具現化の方法や見せ方、体験のさせ方でその

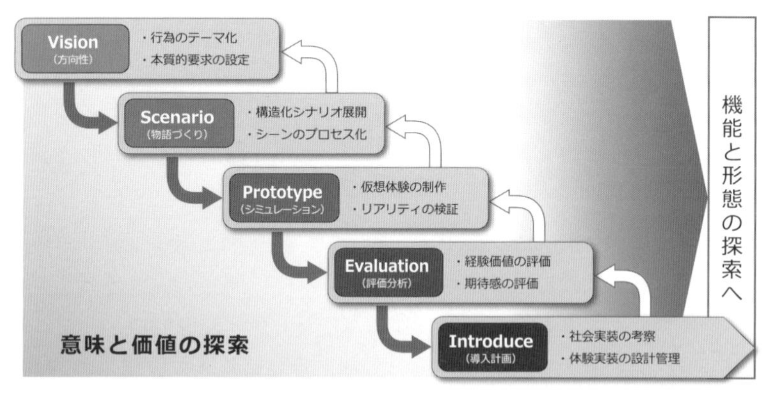

図7-1　社会実装に向けての各フェーズとプロセス

価値が実現できているかが分かります。この進め方は『エクスペリエンスビジョン』を基本とした具体的な体験設計のプロセスです。

Prototype　価値の原型を仮想体験としてつくるシミュレーションのフェーズです。価値やイメージが誰にも共感できるかたちで見える化することです。ここで行うプロトタイピングは価値の検証だけでなく、価値を伝える言語の役割を果たします。その価値の実現可能性を見つけ出し、高めていくことです。

Evaluation　体験から望まれる経験価値が生まれるかと、体験に対する期待の検証と評価を行うフェーズです。見える化されたプロトタイプは様々な表現がありますが、これらがどのように期待されるか、また、どうしたら受け入れられるか、そして本来のその価値を発揮できるかをプロトタイプの評価と再制作を繰り返すことで確かめていきます。

Introduce　新しい価値を社会に受け入れてもらうためのフェーズです。革新的な体験のできる設計ほど、その価値を機能設計し、実施設計して社会に実装するには時間と労力がかかるものです。その価値の実態を素早く、多くの人に広げるための導入の仕方を考え、その世界観をつくり上げていきます。

以上、これらのフェーズを進めることで、体験の意味とその価値の探索が完了することになり、一般的なものづくりやサービスづくりの機能をつくり、形を追求する段階へと向かえるのです。

各フェーズはウォーターフォール型に上から順次進めていけば完成するものと考えるのは安易です。各フェーズでは前フェーズの方向に対する疑義や矛盾、また対応領域の変化が起こることで新たな情報の取得による見直しや再検討、そして方向転換などが多々起こります。これはごく当たり前のことであり、これを避けては通れません。ですから、後戻りすることは悪であると考えるのではなく、前進の一部と考えることが得策でしょう。特にチームで進めていくためにはこのことを全員が認識していることが大切なのです。

7-1　体験設計を実現する手法

体験設計は経験するユーザーやステークホルダーの行為やシーンをシナリオ手法によりアイデア展開して、設計することが現在のところ最も有効です。これにはビジネスキャンバスやストーリーテリングなどの各種のUX開発手法があります。本書で解説するのは、これらの問題解決型手法ではなく、ユーザーの本質的要求に応えるビジョン提案型を目指している、国内で開発された『エクスペリエンスビジョン』の手法です。これはビジョン提案型デザイン手法として、2012年に丸善出版から出版[14]された本のタイトルで、手法の名前ともなっています。

この手法は日本人間工学会アーゴデザイン部会により、2004年頃から研究された成果です。これに至る前、2003年に日本人間工学会（アーゴデザイ部会）編の『ユニバーサルデザイン実践ガイドライン』[71]が出版されたことを機に、部会ではユビキタスの権威である坂村健氏に合宿での講演を依頼し、ユビキタス時代のユニバーサルデザインはICT（Information & Communication Technology）化でどう展開されるのかということから研究がスタートしました。当時のユニバーサルデザインのモットーであった「いつでも、どこでも、誰でも」から、ユーザーそれぞれに対応するカスタムなユニバーサルデザインとして、「いまだけ、ここだけ、あなただけ」への変化が起こるであろうと予測し、そのときの体験をどのように創り出せばよいかが研究のテーマでした。その後、毎年のアーゴデザイン部会の研究合宿を経て、手法は形になりました。現在、この本は中国語に翻訳され『使用者体験願景設計』として台湾を中心に指導に使われています。また、国内でもこの手法はWEB・UXデザインの初心者のために『UXデザインをはじめる本』[69]の中で紹介されています。

なお、本書で提示する体験設計のフレームワークは前著『Experience Vision』で提示したビジョン提案型デザイン手法のフレームワークとは異なります。そして、七方良しの体験設計のフレームワークは今回が初公開です（図7-2)。これは10年の時を経ての実践で得た様々な気づきや知識と、その新たな考えによるものです。

要するにこのフレームワークの基本はプロジェクトの目標によりテーマを定め、ビジネスの提供方針の設定と社会の将来展望を抽出し、ユーザーの本質的要求を探索することにより、構造化シナリオによって段階的なシナリオを精緻化し、ペルソナ手法を取り入れて、ユーザー像を明確に捉えた価値を具現化、新たな仕様を提案する構成を示すものです。これらの詳しい内容はシナリオ展開の項で解説します。

それでは実践のプロセスに則り、進めていきたいと思います。

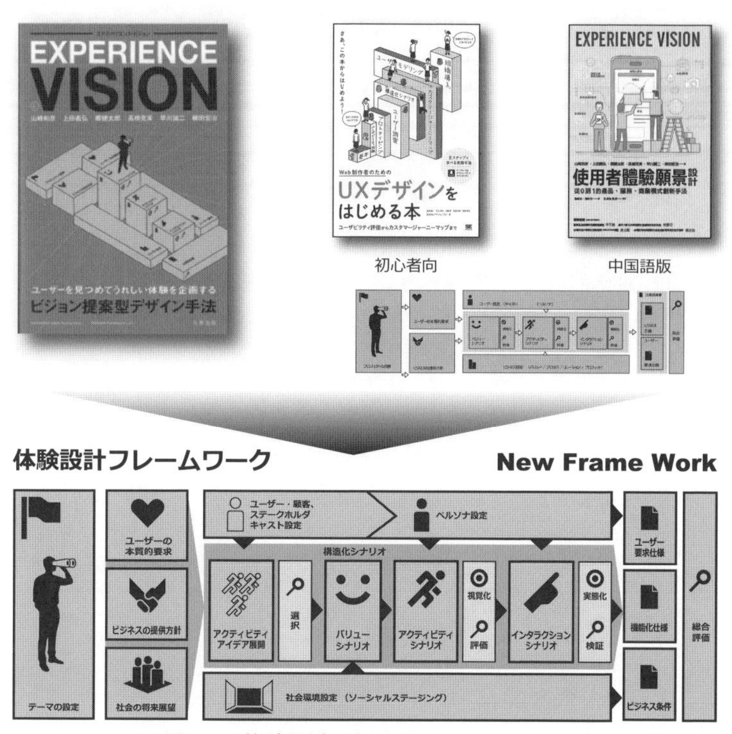

図7-2　体験設計の新たなフレームワーク

7-2　ビジョン展開

まず最初は「ビジョン展開」です。ここでは体験設計の展開の方向性を定めることになります。

経験をする行為から目標を発見するためのテーマ化を行います。テーマ化は「理想に近づくための共感できる近未来へのアプローチ」と定義づけた「ビジョン」をデザインするプロセスです。そこには長年にわたって培ってきた業種業界の経験や勘からの新たな気づきや発見を見出すことが求められるのと同時に、いまの社会や環境と自らの立ち位置を鑑みて、得られる着想を持つことが求められます。

さらにこのテーマ化はこれらの気づきとユーザーや顧客が意識の底にある潜在的な本質的要求との関係性を知るプロセスでもあります。このプロセスを進めることは体験設計において「ビジョンデザイン」のスタートを切ることとなります。

7-2-1　体験設計テーマの設定

テーマの設定は3つのアプローチにより、ビジョンデザインの対象となる行為を見出します（図7-3）。

まず、最初のテーマ要素抽出のための考察は企業・組織的アプローチです。テーマを決めるにあたって、現在、置かれている企業・組織の立場で社会における役割を明らかにします。リソースとなる技術やノウハウを活用できる領域を確認します。さらには将来の変化に対応して、進むべき方向性から、テーマとしてふさわしい行為の抽出を試みます。そして、その業界業種に永く留まり、卓越したその分野の情報を有する利点を生かし、行為の新しい意味となる発見にも心掛けたいものです。

また、テーマが定まった次の段階では、これらの考え方をまとめてこのプロジェクトの「ビジネスの提供方針」を開発条件に定めることになります。

テーマ設定のための次の要素抽出の考察は社会・環境的アプローチです。このアプローチは現在または今後、解決すべき社会課題と望まれる社会展望を基にテ

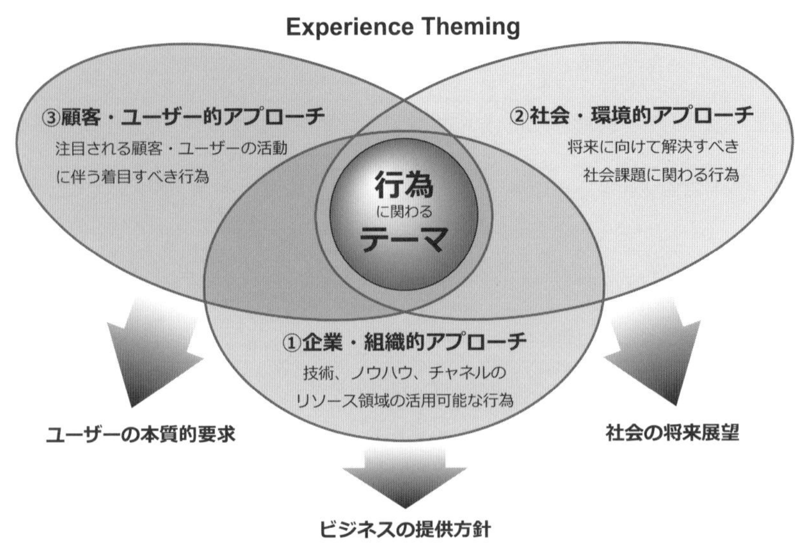

図7-3　3つのアプローチによるテーマ設定

ーマとなる行為を探索するものです。テーマ設定を企業・組織の目線だけで考えるのではなく、俯瞰して社会や環境、そしてグローバルで将来的な視点で取り組むべき分野として相応しいテーマとなる行為の抽出を試みることになります。この客観的な観方をすることで、視野の広いテーマを見つけることができます。そして、ここでの考察がテーマ設定後にまとめられる「社会の将来展望」となり、このプロジェクトの社会実装の条件となります。

最後のテーマ要素抽出のための考察は顧客・ユーザー的アプローチです。このアプローチは経験価値の直接の提供先である顧客・ユーザーの現在または今後に注目される行為や活動の方向を鑑みて、前2つのアプローチを踏まえたテーマの考察を行います。現在の事業が抱えている顧客やこれから獲得していきたいユーザーにとって、最適な経験価値となる行為を見つけ出す作業となります。そして、大まかな顧客、ユーザー、ステークホルダー像から、この後のユーザーの本質的要求を追求することになります。

図7-3のように、以上の3つのアプローチによる思考から具体的な体験設計のテーマの設定を行っていきます。

体験設計は問題解決型の設計手法ではなく、ビジョンを描き、これを意図的に実現する体験を創り出す機能としての製品・システム・サービスを具現化するためのビジョン提案型の設計手法です。ここでのテーマの言葉は解決すべき問題を表す言葉や既存のシステムやハードウェアを連想させる言葉は問題解決を連想するため不適切です。

行為に関わるテーマづくりでは、クリステンセンが『ジョブ理論』[32]の中で提案しているようなユーザー経験の観察から得る用事（Job)、意味、潜在欲の発見から気づく行為の言葉を取り上げることにより革新的なビジネスのテーマとなります。ですが、先に述べたように、すべての体験設計がこのようなジョブレベルから行われるものばかりではありません。実践ではある程度環境や状況の定まった中でのシーン起点で、条件を特定することにより生まれるビジネスの変革レベルとなる情景的な行為の言葉がテーマとなることもあります。

さらには操作や作業・手順レベルでの明快な活動、具体的な状況ではタスクを起点とした新たな経験創出を起こすことのできる抽象的な行為の言葉をテーマとすることが適切です。このように体験設計のレベルに合わせた行為の言葉を選ぶことが必要ということです。

次に、ベルガンディの『デザイン・ドリブン・イノベーション』[43]の考えのように、専門的知識で未来を構築する意味や業界や業種の専門分野の価値観や感性に基づいた先見性からの広範なビジネスの経験から発見できる、より抽象的な行為の言葉でテーマをつくることも必要です。意味の革新性を求める体験設計ではこのテーマのつくり方に対応することも必要です。

さらに従来からの行為では望まれる経験とはなっていない、新たなビジョンを発見したい行為の言葉をテーマとすることで、既成概念にとらわれない新たな価値への扉を開くことができることもあります。

テーマを探索するとき、手段をヒントとして行為の言葉を見つけてテーマとすることがあります。これまで想定できなかった未来の技術を手段としたときに生まれる行為を取り上げる方法です。最近、話題となっているDXは「ITの浸透が、人々の生活をあらゆる面でより良い方向に変化させる」という概念です。例えば、DXの手段で魅力的で新しい体験のできる行為の言葉をテーマにするなどがこれです。このDXによるテーマ展開はこれからタスク、シーン、ジョブのそれぞれのレベルで革新を引き起こすテーマが存在すると考えられます。また、DXに留まらず、Bio Techによる自然との調和をもたらす体験設計テーマやSpace Techによる地球人類として宇宙を視野に入れた体験設計テーマ、「七方良し」で伝えたSDGsの国際的な社会課題に対応した体験設計テーマなど、これまでにない手段や課題から行為の言葉を立てた体験設計テーマが展開できるのではないでしょうか。

以上のようにテーマ展開して、テーマを設定して、体験設計のプロセスを進めていきますが、テーマは可変なものであり、この後に展開される「ビジネスの提供方針」の内容や「社会の将来展望」に対する向かい方、そしてユーザー調査による「ユーザーの本質的要求」の抽出の結果を受けて、再度、テーマの見直しを行う必要性がある場合も出てきます。このビジョン展開のフェーズではこれを億劫がらずに行うことは決して後退ではありません。

7-2-2　ビジネスの提供方針の設定

体験設計はビジネスのためだけに行われる設計ではありませんが、企業だけでなく、組織、団体、そして官公庁においても魅力的で新しい経験を提供するための体験設計には変わりがなく、テーマによって実施される体験設計の当事者の条件を明らかにしておく必要があります。これまでのユーザー、顧客中心の開発手法ではここを定義することなく、求められる方向に進めることができるかどうかを決めていたように感じています。体験設計ではテーマに基づき協創・共創を前提とした展開をする必要があるため、まず自らを知り、この体験設計によって生まれるビジネスの提供方針が何であるかを明らかとなるように設定し、チームで共有することが重要となります。

ここで、体験設計における協創と共創の違いについて、私なりの定義をします。協創は読んで字のごとく、「協力して創る」ですので、チームメンバーによる協力だけでなく、他の組織との協業や提携により、関係する個人や組織同士が助け合いながら魅力的で新しい体験を創り出すことであると考えています。これに対して共創はもう少し広く捉えて、提供する側だけでなく、ステークホルダーを含め、提供される側やそれを取り囲む社会の構成員と「共に創る」ことを意味していると考えています。この協創・共創を行う原点となる自らはいかなる者であるかを知るために、以下のことを明確にしておくことになります。

「ビジネスの提供方針」を定めるには、体験設計テーマによる開発をどこに位置づけるかの共通認識の形成が大事で、これにはまずは自らの組織が活動している事業ドメイン（領域）を知ることが不可欠です。

また、現在、置かれている事業環境で、今後訪れる機会を逃さないための条件、そしてどのような脅威が発生しても、それを克服するための条件は何かを知っておく必要があります。

さらに、自らの持つ固有の経営資源（リソース）の有無と、その強みと弱みを知ることは協創をする上で重要な判断を促します。こうして確認した自らの事業環境が、このプロジェクトでどのような成果をもたらすのかの方針をあらかじめ定めることになります。

体験設計における「ビジネスの提供方針」をさらに明確にすると、企業の固有の計画を表す事業計画あるいは顧客を獲得するマーケティング戦略や販売戦略を意味するものでないということです。

ビジネスの提供方針はプロジェクト運営のために、ユーザー・顧客、社会へ安定して提供できる体験設計の方針を定めて、創出するビジネスが提供側の意図と食い違わないようにチームメンバーで共有する役割があります。

7-2-3　社会の将来展望への対応

体験設計のビジョン展開ではテーマについての将来展望に沿って、様々な社会課題についての情報収集と考察が必要です。

ここでは体験設計のテーマに対する将来展望をソーシャルデザインと異なる考察することとなります。前述したように、ソーシャルデザインとは社会をどう築くのかという計画であり、ここでのデザインの対象は社会インフラの整備から社会制度までと幅が広く、社会変革を意味するものです。しかし、体験設計は直接の社会変革を対象とする設計論ではなく、企業や組織の活動が社会に折り合いを付けつつ、顧客やユーザーに製品・システム・サービスの体験を通じてうれしい価値を提供することです。その結果として、社会がどのように良くなるかを見据えて設計をする行為です。すなわち、対象は社会そのものではありません。ここで取り扱う「社会の将来展望」はこのような意味から、社会に実装される魅力的な新しい体験を将来の社会に根づかせるための設計条件として考えています。具体的にはテーマとビジネスの提供方針とに関わる社会課題を集め、これに対する現時点の状況と将来の対策の方向性を知り、進めるプロジェクトがその体験に関わりのある成果を生んだときに影響をもたらす将来展望を見つけて、これを条件に据えることです。いわば、「将来の社会では……な経験ができるようになるべき」と示せる以下の例のような課題です。

- ■生活やライフステージ、ライフスタイルの将来視野に立った展望
- ■業界や業種、業態の将来視野に立った展望
- ■研究や開発の専門分野の将来視野に立った展望
- ■地域の営みや文化の将来視野に立った展望
- ■国内の産業や経済の将来視野に立った展望
- ■行政や政治的施策の将来視野に立った展望
- ■SDGsのような国際的な将来視野に立った展望

など様々です。

7-2-4　ユーザーの本質的要求の抽出

体験設計のビジョン展開において、顧客やユーザーを知ることは最も重要なことです。そこで顧客・ユーザー調査の目的、目標を明確化することが必要です。顧客・ユーザーと言っても複数のタイプがあります。一次ユーザーとされる直接

ユーザーは主目標を達成するために体験する人です。二次ユーザーは体験の支援を提供する人、間接顧客ユーザーは体験の恩恵を受ける人、そして受動顧客ユーザーは本人の意図にかかわらず体験の影響を受ける人です。また、顧客やユーザーの要求に対する意識レベルも3段階あります。顧客やユーザーが意識していて、言葉にできる要求レベルが顕在要求です。顧客やユーザーから引き出すことで、彼ら自身が意識でき、言葉にできるレベルが潜在要求です。そして顧客やユーザーが意識もしていないし、言葉にできないレベルが本質的要求なのです。

■ユーザーの本質的要求のための情報収集

これらのことから顧客・ユーザー調査はその目的や目標に合わせて、その手法を選択することとなります。「何が分かっているか?」「何を知ればよいか?」などは漠然とした課題に対する探索的な目的があります。ユーザーの本質的要求はこれにあたります。「仮説はあるのか?」は体験設計でのシナリオベースの仮説への期待を検証評価する目的があります。そして、これらを「どうやって調べるか?」「どう分析するか?」「どう活用するか?」などのユーザー調査では様々な調査手法や分析手法を駆使して、結果を体系化してプロジェクトメンバーが共有できる状態にします。

さて、この顧客・ユーザー調査には定性調査と定量調査があり、その目的に合わせて使い分けます。定性調査は主観的・感覚的な手法で、行動観察やインタビューなどがあります。この方法は背景や原因、見えない糸を探索できるので、本質的な要求を推測できます。これに対して、定量調査は客観的・論理的な手法で、統計調査やマーケティング調査など数値的データを収集します。効果測定（結果系）はデータが収集しやすく、数値で説明できるため、目的に応じて適切に組み合わせたり、繰り返したりすることができます。

ユーザーの本質的要求を探索するには、体験設計テーマに基づきユーザー事象を収集します。ユーザー事象とはテーマについてユーザーが感じていること、問題視していること、快く思っていること、改善したいと思っていること、さらに単にテーマに関わる出来事や気づきなど、何でも構いません。そしてこれらは1つの事象ごとにすべてをカード化します。このユーザー事象を集める方法としてフォトエッセイ、半構造化インタビュー、フォトダイアリー、観察などがあります。テーマの内容や開発環境に合わせて選択して使います。

フォトエッセイは体験設計の行為のテーマを対象者に提示し、それに対する思いを表現するような写真を選んでもらい、自由な発想で短い文章を書いてもらうという方法で、対象者の価値観や深層心理を紐解くことができます。フォトエッセイをデプスインタビューやグループインタビューなどと組み合わせて用いることで、対象者の本質的要求のための事象の収集ができます。半構造化インタビューは体験設計の行為のテーマについて、対象者にインタビューを行う前に、テーマに即した大まかな質問を用意しておき、回答に応じて質問内容を重ねたり、深掘りしたりするインタビューの形式です。準備されている質問だけを聞くのでなく、対象者が発した事象の経緯や思いの真意などを「どうして?」「なぜ?」などラダーダウンしたりラダーアップしたりと、深掘りするのが特徴的なインタビュー手法です。往々にして、既定の質問の最初の答えに潜在的な意味はなく、そこから掘り下げたところにテーマの行為に対する真意が含まれるケースが多いのです。フォトダイアリーは対象者の行為を「スナップ写真」を通して垣間見る観察方法の一つです。対象者のテーマに対する行動・経験をフォトジャーニーとして情報収集することが基本です。対象者が自ら写真を撮り、対象者目線で行為の時間経緯の中での映像で観察記録します。または、対象者の行動を第三者が随行して観察して記録することもあります。どちらにしても、撮影時の記憶は後からでは薄れますので、忘れないために都度メモを取ることが必要です。このように観察の記録であるフォトジャーニーを基にデプスインタビューを試みることで行為・行動の真意や意味が把握できることとなります。

インタビューを行うにあたっては被験者とインタビュアの間のラポール（Rapport・調和し一致した関係）が求められ、その信頼の中で、より深い心理の奥に届く質問と答えが得られます。

■ユーザーの本質的要求の体系化

こうした方法で集められる事象を記録したカードはその後の体系化のために、次のような記録のルールがあります。

1. カードに書かれる文章は1センテンスとして、端的に記載すること
2. 一つの事象について原因や結果、理由など多くのことが書けますが、それらはすべて別々のこととして記載すること
3. 物や事の名前などの単語だけで記載することを避けること
4. 肯定的な事象だけを書こうとせず、否定的な内容も記載すること
5. 特に感情が現れるような事象についてはどのような気持ちかも記載すること

6. 文字情報だけでなく、画像などもカードに含まれるときはその提示の意味を記載すること

以上のようなことに気をつけて、できるだけ多くの発言を記録することが重要です。

さて、これを行うと事象のカードは数百枚以上となることが多いですが、多ければよいという訳でなく、こうした定性調査では質が問題となります。上記の記載内容で、ある程度の質は保てますが、そのテーマの行為に関わる様々な対象者から事象を集めるとその質はさらに高まります。

こうして集められた事象のカードをプロジェクトメンバーにより分類し、体系化していくことでテーマに対する対象者の潜在的な本質的要求を知ることに近づくことができます（図7-4）。

ここでは梅澤伸嘉氏が『実践グループインタビュー入門』[26] で提唱する上位下位関係分析を用いて、その構造の体系化をしていきます。上位下位関係分析は、グループインタビューで得られた定性情報からニーズを抽出し、階層関係のある３種類のHaveニーズ、Doニーズ、Beニーズに分類して、そのつながりから本質的ニーズを導き出す分析手法です。

体験設計では、その事象をテーマに対しての行為の目標ごとに分類して、類似したグループごとに行為目標（中位ニーズ）を設定します。このとき、一般に知られている川喜田二郎氏の『発想法』によるKJ法とは異なりますので類似カテゴリーで集めることをしないよう気をつけます。「～したい」「～したくない」などの要求の言葉となるように分類していくと中位ニーズとしてまとめやすいでしょう。ここで注意したいのが、既成概念にとらわれ、はっきり認識できるニーズ

図7-4　ユーザー事象のカード化→分類→体系化作業の様子

名を先に掲げて、これに事象を合わせていく方法は大変危険です。この上位下位関係分析ではこれまでにない、また小さく隠れているニーズを掘り起こすのが大きな目的ですので、分類することが主眼ではありません。たとえ、たった一つしかない事象でもそれが他のニーズと異なるのであれば、独立したものとして取り扱うことが重要です。また、グループ化した塊が他のグループと比較して極端に事象の数が多いようでしたら、再度見直して、中位ニーズを分割することも考えることが必要です。これはカード事象を漠然と捉えているためで、細かなニーズの差を見落としていることがあるからです。各グループにはそのグループが表す行為目標をタイトルとして付けます。タイトルの付け方を要求の言葉となるように「～を～したい」とか、「～が～したくない」などとまとめられると分かりやすくなります。ただ、ここで気をつけたいのはこれらの行為は分析ではなく、既にクリエーションに近いものとなっているということです。分類をする構成メンバーの主観や思いも含んでのグループづくりであり、タイトル付けだからです。これは決して、精度に欠けるものと考えるのではなく、プロジェクトメンバーの総意として創り上げるものと理解してください。

次に行為目標の中位ニーズをさらにまとめてテーマ範囲内の本質的要求（最上位ニーズ）の言葉を導き出します。このグループのつくり方も行為目標をまとめたときと基本は同じです。ですが、グループの背後にある事象はあまり気にせず、中位ニーズのタイトルを頼りに分類することが効率的です。時折、タイトルの真意が共有できないときにだけ、中の事象を確認する程度とすることをお勧めします。

そして、集められた行為目標のグループに、このプロジェクトメンバーにおける最上位ニーズである対象者の本質的要求のタイトルを命名します。この本質的要求のタイトルはテーマの行為の範囲内の言葉であることが求められます。すなわち、主語をテーマ名にしても不自然でないタイトルとすることが必要です。ここで気をつけることは、テーマの如何にかかわらず発生する要求の言葉、例えば「幸せになりたい」「生きていたい」などの言葉は本質的要求ではあるかもしれませんが、テーマに対して体験設計を行う必然性を失うため避けるべきです。

なお、この作業も行為目標の分類同様、決して分析的行為ではなく、プロジェクトメンバーによる情報の共有と体系化を協創するクリエーション作業であると考えてください。

【XDCAE Column】① Data Organized for Online Community〈事象や意見をリモート収集して体系化〉

体験設計の基本となるユーザーの本質的要求を見つけ出すためには、顧客やユーザーに対してのインタビューや観察を行います。得られたユーザーの意見や事象は実際には大変膨大となるケースが多いですが、このデータを有効活用するために様々な分類手法を駆使した体系化が必要です。一般的に知られている体系化手法としてはKJ法、上位下位関係分析法、ラダリングによる評価グリッド、多変量解析やデータマイニングなどがあります。どれにしても、これらを効率よく行えるツールが必要です。

まず、最初に気になるのがデータ収集です。インタビューや観察では被験者のいる場所へそれぞれの調査員が行って、集めたデータを同一形式で一か所に集めたいものです。また、意見収集を多くの人から行いたい場合、面と向かったブレストも大切ですが、今時はインターネットを使ったリモートでのブレストや意見交換が効率的です。これもやはり同一形式で一か所にそのデータを集めたいものです。

次に集まったデータをどう料理するかですが、これが一番厄介です。この段階ではデータをカード化してその内容を読み解き、それぞれの体系化手法に則って分類をするのが一般的です。そして、この分類はチームのメンバーが納得いくまとめ方であることが求められます。最近、リモート会議で多く使われているのがMiroです。Miroは様々な機能を持ち、会議で出された意見のデータをポストイットイメージのカードとして画面上に表示できることから、これを利用しての会議のまとめを行うことができます。ただ、先ほどから出ている大量の意見のデータをまとめるとなると、画面内ということもあり、そのサイズからしてなかなか難しいものです。やはりここはリアルなカードに記述されたものをチームメンバーで議論しながら分類し、まとめていくことが効率的であり、意味的解釈に共感しながら体系化するということでは重要なタイミングであると思います。

最後に体系化した結果は使いやすい形でありたいものです。ポストイットカードを使用した体系化では模造紙に貼り集めたものをその経過とともに取っておくわけにもいかず、最終結果だけをデータにして残します。いざ、元を探ろうとしたときにはすでに廃棄ということはよくあります。

このコラムで紹介する**iOrganizer**は体験設計の研究、企画、開発を進める中で、効率よくより創造的にアイデアや意見をまとめるために考案されたクラウドアプリケーションです。iOrganizerは以下の機能を持ち、前述の体系化をスムースに行

：Organizerの使い方

うことができます。特徴は次のようになります。

①ネット上のプロジェクト招待で、いつでも、どこでもブレスト参加や観察記録、インタビューレポートを行います。

②投稿はテキストだけでなく、写真やチャート、手書きを情報化します。

③投稿ボタンを「提案」「推測」「意見」「事実」など自由に設定して分類します。

④参加しているプロジェクトの投稿内容がつぶさに見られるため、これを参加者の誰もが参考に意見を出したり、アイデアを膨らませたりすることになります。

⑤集まったデータはQRコード付きのポストイットカードとして、プリントアウトすることで、通常のリアルなチームブレストをしながら分類をします。

⑥スマホのカメラでQRコードを読み取り、グループ単位でネーミングすることで体系化の第1歩をデータ化することになります。

⑦第1階層の数が多い場合は、これを何回か繰り返すことで、いくつかの階層に分かれた体系化を行います。

以上のような機能と使い勝手で体系化を支援しています。

このiOrganizerのその他の使い方として、プロトタイプやサンプル商品を顧客やユーザーに配布して、SNSによるMROC（Market Research Online Community）的な使い方をすることがあります。この方法ではインターネット上でのグループインタビューのようにして、他の人の投稿を観ながらスマホで投稿してもらい、様々な意見を収集して、先ほどの方法で体系化するのに役立てる使い方があります。
この使い方では、長期の使用経験や効果・効率について、他の人の意見との差に気づきながらの投稿をすることで、顧客・ユーザーの潜在的な思いを多くの人が集まるオンラインコミュニティから得ることが可能ですし、その後の処理の体系化によるまとめも容易になります。
iOrganizerの詳細はウェブサイトへ　https://www.iorganizer.net/

7-3　シナリオ展開

体験設計の実践プロセスで第2ステップとなる「シナリオ展開」では、設定されたテーマのビジョンの方向性に対して体験のアイデアを物語（ストーリー）として展開します。

物語のシナリオ制作にあたっては『エクスペリエンス・ビジョン』[14)]で紹介している「構造化シナリオ」を使用します。構造化シナリオではアイデアから生まれてくる体験のシーンをプロセス化して、段階的に現実的な仕様へと導いていきます。

ここで紹介する基本となる構造化シナリオのフレームワークは最初の『エクスペリエンス・ビジョン』のそれとは異なります。これは『エクスペリエンス・ビジョン』出版後に実践されたプロジェクトやワークショップを通してのいくつかの気づきに基づき改良を行ったからです。「七方良しの体験設計フレームワーク」や簡易的にアイデアを確認する「体験設計アイデアシート」も様々な体験設計プロジェクトの実践の中で考案されたものです。このように構造化シナリオの基本フレームの考え方を活用して、様々な業種・業界、業態、立場やこれまでの進め方との組み合わせなどを考えて、それぞれの体験設計シナリオ開発ツールを考案していくことをお勧めします。

7-3-1　シナリオ手法の構造化とは

本来、体験をすることを時間軸に則ったシナリオとして書くことは、物語性を表現する上で大変有効な表現手段です。もちろん、文章であるシナリオより朗読の方が的確に伝わるし、映像の方が正確に伝わります。しかし、体験を創り出す段階ではいきなりこれらを行うことは難しく、体験の発想段階では漠然としたイメージでしか表現できないため、シナリオで書くことがふさわしくなります。

そのシナリオを書く上では誰もが、いきなりは具体的でリアルな表現では書けないのが普通です。ましてやアイデアやイメージを膨らませながらとなれば当然のことです。そこで協創を前提としたシナリオ手法では、アイデア発想の段階から具体的な操作の段階までを4段階のステップに分けて、だんだんとはっきりとした体験となるように構成したのが「構造化シナリオ」です（図7-5）。

最初のステップはテーマによって設定された「ビジネスの提供方針」をベースに「社会の将来展望」を加味して、テーマのもとに集められて総合化された「ユーザーの本質的要求」からアイデアを着想し発展させます。これは「中核となるうれしい体験」の自由な発想のアイデア展開の階層です。ここでは着想を扱い「アクティビティアイデアシナリオ」により、ひらめきと気づきを数多く集めます。

次のステップはチームメンバーから出た多くのアイデアシナリオの中から、その意味と価値を抽出してチームとして選択します。このバリュー階層では**価値筋**（最も魅力的で新しさを感じると思われる勝ち筋）のアイデアをコンセプトとして扱い、「バリューシナリオ」にまとめます。

そして、次のステップでは価値を生み出す具体的な行動を幾人かの人物像（ペルソナ）を想定して、時間とともに記載します。このアクティビティ階層では複数のペルソナの行動を扱い、「アクティビティシナリオ」をその時の気持ちを含めて展開していきます。

なお、ペルソナは主たる顧客・ユーザーである人物の体験を描くCX 、UXの表現するメインシナリオの主役です。また、ペルソナを家族や同僚などに広げて、パートナーシナリオを描くこともあります。さらにステークホルダーの関わりの多いEX、PX、SXではメインシナリオに連携させた体験をサブシナリオとして描くことで、より広範な体験の価値筋を描くことができます。

最後のステップは展開され、方向づけされた行動のうち、この体験の価値筋をそのペルソナの具体的な操作を扱って、道具やインフラなどを含めて解説できるところまで書き込む「インタラクションシナリオ」となります。

要するに、この4ステップを大雑把に言えば、Notice（何かに気づいて）、Why（なぜ行うか）、What（どんな行為か）、How（いかにして）ということで、段階的に具体的な経験価値へと創り上げていく方法なのです。

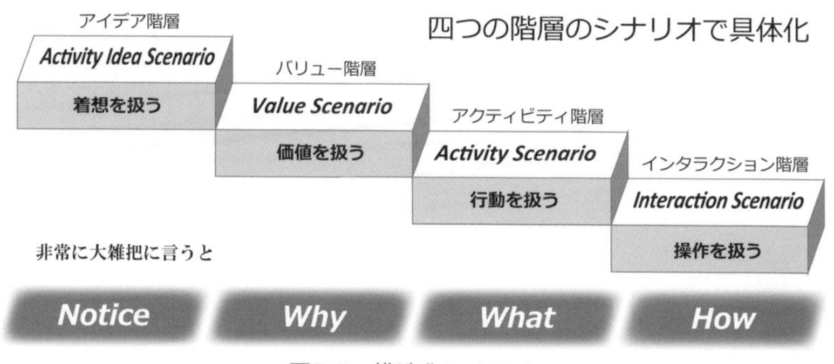

図7-5　構造化シナリオ

7-3-2　体験発想の構造化シナリオフレームワーク

これまでのエクスペリエンス・ビジョン手法の実践を通して改良されたフレームワークとその活用の仕方について解説します。本書ではビジネスの未来デザインの観点から考えたとき、「七方良しの体験設計」の説明をしました。これに対応して、社会環境までを考慮する体験設計のフレームワークを提供します。これは現在もアーゴデザイン部会で研究活動が進められている社会性を加味した「三方良し」のビジョン提案型デザイン手法の研究に関わりのあるものです。

このフレームワークは基本的なフレームは大きく変わっていませんが、構造化シナリオに着想のためのアクティビティアイデアシナリオのステップがバリューシナリオの前に加わりました。実践の場ではシナリオの書き出しで、いきなりバリューとなるアイデア、言わばコンセプトを書くことはなかなか難しく、行為に対する気づきからのアイデア展開のステップの必要性を感じて加えています、これによる実践ではスムースなアイデア出しが行えた実績があります。

また、これまでなかった社会の将来展望からのアプローチが加わっています。当然、各シナリオの評価についても、社会の将来展望との関わりや地球環境、過去からの歴史や文化との関わりが重要度を増します。

実践としては、アクティビティアイデアシナリオでは自由な設定での「ビジネスの提供方針」「ユーザーの本質的要求」に加えて、「社会の将来展望」をバランスよく加味して、気づきを得て、体験の発想を促します。ソーシャルデザイン（Social Design）とは異なり、社会課題を直接解決するという訳ではなく、提供する側のビジネスと提供される側の顧客やユーザーを満足させつつ、社会の将来展望（ビジョン）にどう影響を与えるか、小さくても時間がかかってもよいので、提案する体験と関わりがあるように気づきをアイデアとしていきます。その後のバリューシナリオ、アクティビティシナリオ、インタラクションシナリオではその評価の段階で、必ず社会の将来展望を顧客・ユーザー視点、ビジネス提供視点に加えることで、最終的に社会性を加味した「七方良しの体験設計」の仕様へのコメントが抽出できることになります。

それでは具体的なフレームワーク（図7-6）に基づいて、その使い方とプロセスの進め方を説明します。

まず、アクティビティアイデアシナリオでは対象のキャストは「…な人たち」程度とし、発想の条件として規定せず、自由な設定でビジネスの提供方針と社会の将来展望、そしてユーザーの本質的要求から気づきを得て、「これは新しい、これは魅力的だ」と思う発想をチーム全員で数多く出します。

ここで出されたアイデアのバリューポイントとキャストをチームメンバーの評価で、選定し、結合し、取りまとめていきます。この評価基準はテーマに対して要求を満たしているか、ビジネスとして提供できるかもありますが、同時に魅力的であるかとこれまでにない新しさがあるかの「満足度」が決め手となります。

選定されたバリューポイントを踏まえて、バリューシナリオではどのような対象者に向けてどのような意味を持った体験が提供できるかを明確にして、このプロジェクトの価値のコンセプトのシナリオとしてまとめていきます。そしてバリューシナリオではこの体験がいくつかの場面を経て実現されることを想定して、体験が行われるいくつかに分けたシーン名を記述します。

この経験価値を実現するプロセスとなるバリューシナリオの各シーンを受けて、

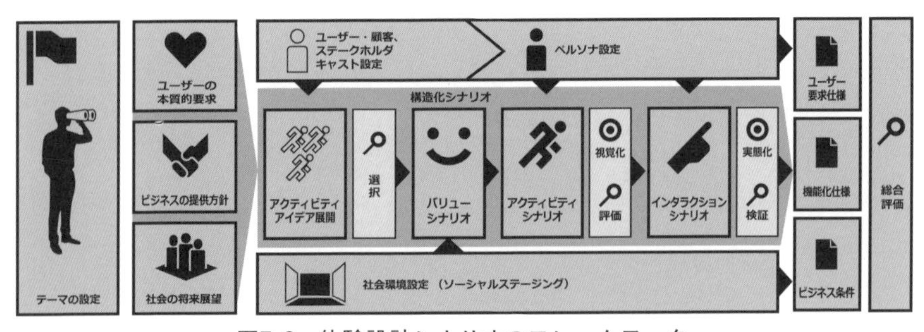

図7-6　体験設計シナリオのフレームワーク

アクティビティシナリオでは対象となるペルソナを複数想定して、それに合った行動シナリオを展開していきます。ただし、ここではハードウェア名や既存にあるサービス名、インフラ名を記述することなく、ペルソナの活動と情動を中心に体験のシナリオを記述します。どうしても登場するハードやソフトを表現したい場合は「あれ」「それ」「これ」などを使うとよいと思います。これはこのアクティビティシナリオの段階では行為の新鮮さを追求することが目的で、具体的な製品や商品が連想されるとその発想の広がりを妨げることになるからです。

また、アクティビティシナリオではその体験の価値筋の中心となる部分について、複数のタスクに分解して、タスク名を付けて記述します。これは次のより具体的な操作のアイデアの手掛かりとするためです。

アクティビティシナリオはチームメンバーそれぞれで展開して、評価して、整理して、ブレストをしながらチームでシナリオをまとめますが、そこでの評価基準は満足度を表す魅力的な新しさに加えて、役に立つかという「効果」が加わります。もちろん、ビジネスの提供方針や社会の将来展望、ユーザーの本質的要求を加味されていることは当然です。評価に当たってはシナリオの朗読だけに留まらず、ペーパープロトタイピングやチームメンバーによるアクティングアウト、スキット（小芝居）を使って、行為の具体性を感じながら評価することを勧めます。

最後のシナリオであるインタラクションシナリオは前ステップのタスクのうち、ここが重要と思われる部分、すなわち価値筋のタスクを選択して、より具体的に展開します。ここでは前ステップとは逆に、体験が発想をする製品・システム・サービスに対して、独自のネーミングを施して、より具体的な操作を記述していきます。ネーミングからも体験のコンセプトを伝えるようにすることで、体験をよりイメージしやすくなります。このシナリオでは複数のペルソナに対して、同じタスクを展開して、ある程度汎用的な体験となるようにすることも必要です。チームメンバーでこれらを展開するとき、評価の基準はこれまでの魅力的な新しさ、効果に加えて、その中心は分かりやすく、簡単にできるかなどの「効率」となります。その他、実現性や社会実装の現実性についても評価の対象となってきます。ここでの評価はより具体的ですから、アクティビティシナリオのステップより、実際に近い体験の見える化をする方がよいと思います。例えば、仮想のムービーを作成して、客観的に映像の中の体験に共感するなどです。ICT、IoTやロボットなどではHOTMOCKを使用して、「なんちゃって体験」できるシミュレ

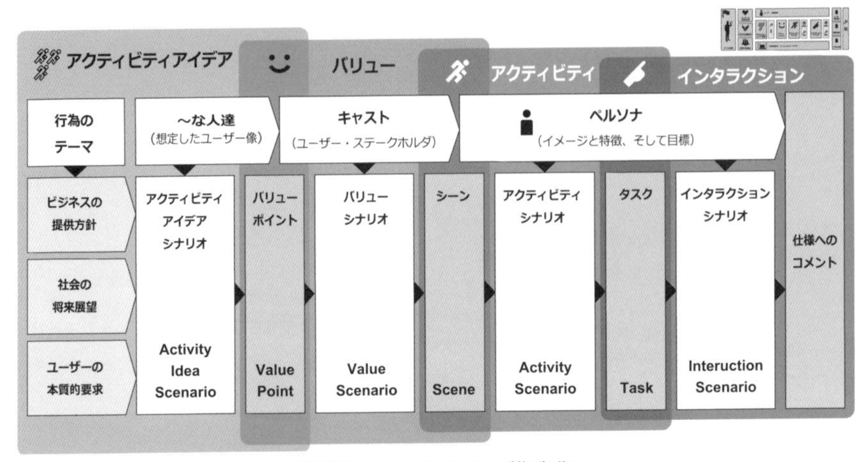

図7-7　各シナリオが連鎖するシナリオの構造化

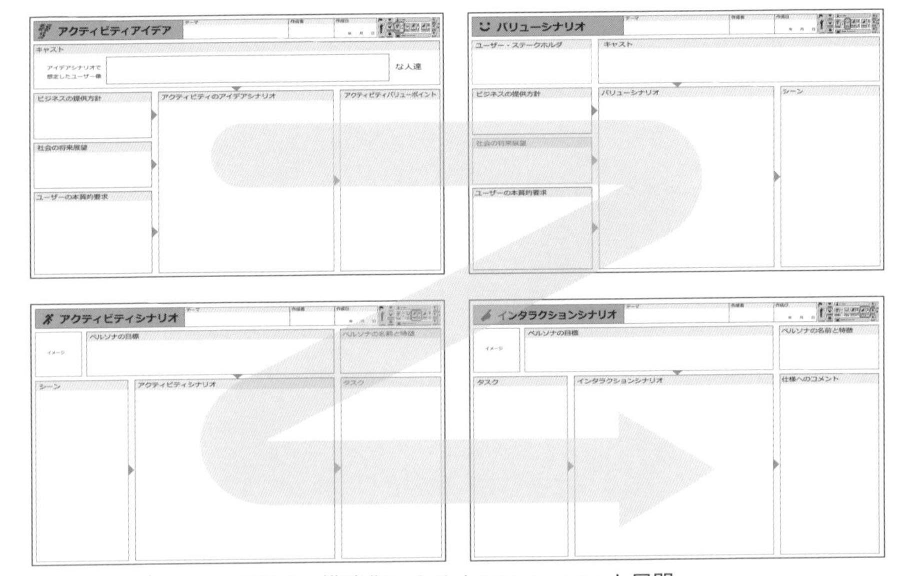

図7-8　構造化シナリオのフォーマット展開

ータを作成して、複数の対象者の評価を得ることになります。

インタラクションシナリオの要点のまとめてとして、体験設計から要求する「仕様へのコメント」を抽出しておきます。タスクの中で、このシナリオの大きな特徴となる部分には下線を引き、これを「仕様へのコメント」として、名前を付けることで、この新しい体験を具現化するために必要な機能化の項目や必須となる研究項目が分かります。これも実現性という意味で評価の対象となります。

以上の各シナリオの連鎖する構造化シナリオを実践する上ではフォーマットに展開することで実践の場でシナリオがまとめやすくなります（図7-7、7-8）。このフォーマットはパワーポイントのテンプレートとして提供していますので、活用してください。

URL:http://www.hol-on.co.jp/solution_format/xd

7-3-3　アイデアシナリオの創出

構造化シナリオのスタートとなるアクティビティのアイデアシナリオを創出するためには、情報の総合による飛躍（思考のジャンプ）が必要となります（図7-9）。

自分の立ち位置であるリソースに関わる行為からビジネステーマをつくりますが、これから設定される、達成すべき事業成果を示す「ビジネスの提供方針」を明確に共有します。そして、社会を俯瞰して見たときにそのテーマと関わる解決すべき身近な社会課題について共有し、このテーマが影響を与える社会環境についての未来予測に基づいて「社会の将来展望」を定めます。これらにより、テーマを展開する意味を確認し、共有しておきます。

次はテーマに関わるキャスト（登場人物）、ペルソナ（仮想ユーザー）やステークホルダー（利害関係者）の観察やインタビューを行い、収集した情報の中から彼らの注目すべき潜在要求である「ユーザーの本質的要求」を抽出します。

この準備ができたら、これら「ビジネスの提供方針」「社会の将来展望」「ユーザーの本質的要求」の3つから着想のヒントをもらい、チームメンバーのこれまでの経験や体験も踏まえて、誰の、どんな、これまでにない、魅力ある体験の発想を、既成概念にとらわれず、可能性を信じて飛躍させたアイデアとして書きましょう。そこには顧客・ユーザーの活動状況を書くだけでなく、その経過の中で起こる感情の動きである情動も表現することで、経験価値のポイントやどのような要素が新しい魅力なのかを提案できるのです。特にこれまでにないかどうかはインターネットで調べればすぐにある程度は分かりますので、億劫がらずに確認するべきです。アイデアのシナリオ展開では書き方のスキルは問題ではありません。文章力、脚色力のある人はラジオドラマのように目をつぶるとその様子が分

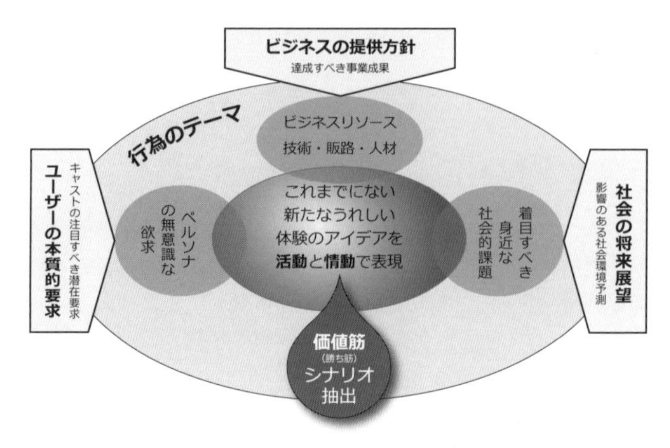

図7-9 価値筋シナリオの創出

かるように描ける人もいますし、イメージするのが不得意な人は体験が起こる順番に箇条書きのようにしか書けない人もいると思います。しかし、ここでは文章力が問題なのではなく、そこに描かれているシーンやタスクが顧客・ユーザーの本質的要求を満たす、新しくて魅力的な体験として、気持ちを込めて描けていることが大切なのです。

チームメンバーで書かれたものを朗読し合い、3つの観点とその新しさ、魅力度で評価して、その中から「これは価値があるね」と言えるものを抽出します。この作業は誰かのシナリオを選ぶというより、各メンバーのシナリオの良いとこ取りをして、体験をマージしながらまとめていくことをお勧めします。

このチームワークによるアイデアシナリオ創出は体験設計の手法をリードできるチームリーダーやファシリテータの役割が重要となります。特にファシリテータは体験設計の視点やプロセスを理解した上で、各フェーズでのそのプロジェクトに合った展開の仕方や評価の進め方をナビゲートしていくことになり、チームメンバーの意見をまとめる上で大変重要な役割となります。

7-4 プロトタイプ展開

体験設計の実践におけるシミュレーションとしてのプロトタイプの展開はシナリオが完全に完成してから試みられるものではありません。どの段階でも行えるものと考えるべきです。ここでいうプロトタイプ展開は仮想体験の試行錯誤による制作と体験のリアリティの検証を逐次行うためのものと考えてください。ですので、当然、構造化シナリオ制作中の評価の段階でも、シナリオが完成した後のユーザー評価の段階でもこれは行われます。

7-4-1　プロトタイプの意味とプロトタイピング

体験設計では価値を探してプロトタイプ、すなわち価値の原型は産み育てるものであると考えています。ビジョンに基づく協創によって体験のプロトタイプを産むことが革新の始まりであり、魅力的な新しい製品・システム・サービスをつくり出すことのスタートだと考えています。産まれたプロトタイプ（原型）をユーザーや顧客、そして社会の人々と共創することによってその価値を育てていき、社会実装していきます。上手に社会実装されれば普遍的な体験となり、誰しもがより良い経験価値を感じることになっていくのです。体験設計において原型を産むためのチームによる協創でも、また原型を育てていくユーザーや顧客、社会の人々との共創でもプロトタイピングが提供者との関係をつなぐコミュニケーションを深める言語的役割を果たし、体験から生まれる価値の不確実性を検証して前へ進むための糧となります。

このようにしてプロトタイプが産み育てられるとき、魅力的で新しいことはもちろんですが、それに加えてその体験の品質が問われます。経験価値は提供される体験の個人化によって得られますが、価値の個人化を可能にするのは原型づくりの品質に関わります。地域差による風俗や習慣の違いによる体験の質や国際化に伴う文化的背景の違いによる体験の質は体験設計の品質を大きく左右するものです。すなわち、体験設計では時代性や文化性がプロトタイピングという形で言語化されたもので、評価されて初めて育っていくのです。

そして、この産み育てるプロトタイプはその段階において、価値に対する原型としての体験プロトタイプ、機能に対する原型としての機能プロトタイプ、形に対する原型としての形態プロトタイプが設計論としては存在することになります。

7-4-2　体験設計のプロトタイピング

それでは体験設計のプロトタイピングにはどのような種類があり、それらはどのような役割をするのかを考えてみたいと思います。

プロトタイピングとは「原型（プロトタイプ）を創る」ことを意味します。創る目的から大きく２つの方向があります。最も知られているのが、確かめるための「検証」を目的とするものです。そして、これとは異なる目的となるが、「具現」化するための試行錯誤をすることです。脳科学では発想に気づきを生む媒介思考という理論があります。人の脳は他の人からの話を聞いたり、文章を読んだりして発想に気づきを得ます。これよりも絵や3D画像を見た方がより気づきは大きくなり、さらにそのモノに触ったり、使ってみたりすればその気づきはより大きなものとなります。当然、大きな気づきは大いなる発想と、より現実的な発想へとつないでいくわけです。このことから、具現化のためのプロトタイピングは発想に大きな役割を果たすこととなります。

これとは別に、体験設計では誰のためにプロトタイプを創るのかも大きく２つの方向があります。一つは自分を含めたチームみんなで協創するためということで、プロジェクトメンバーやこれを決済するマネージメントメンバー、そして最終的に製造したり、販売したり、広報したり、サービスを担ったりするメンバーとの協創のための共通認識を促進するものとして創られます。当然、こうした協創は自社内とは限らず、協業による他社との共通認識のためにも創られます。もう一つは誰でしょうか。それは共創する相手であるユーザーであり、顧客であり、時にはこれを取り巻く社会の人々です。閉じられた開発の段階ではなく、開発製品は商品として世の中に出てからも開発者にとっては原型（プロトタイプ）であり、受け入れるか、受け入れないか、はたまた、どうであったら受け入れられるのか、どのように受け入れるのかが問われるものなのです。すなわち、体験設計においてプロトタイピングは協創・共創のための重要なコミュニケーションツールになっているのです。

以上のようにプロトタイピングは「具現」・「検証」と「協創」・「共創」の２軸で構成されるエリアに分類されると考えます（図7-10）。これは設計プロセスにあるV字モデル（V-Model）とも一致するものです。

協創・検証では一般的に行われている「設計評価プロトタイピング」がシステムテスト、総合テスト、単体テスト、製品レビューで行われています。これらを順次クリアすることで製品から商品への評価の歩みを進めることができるのは言うまでもありません。

これに対して、協創・具現では表には出ない形でも試行錯誤のつくり込みが進められ、「試行設計プロトタイピング」が行われています。ここでは要件定義、基本設計、詳細設計、開発製造の各プロセスの中で試行錯誤の機能モデルや部分試作、形状試作、製造試作が試行設計プロトタイピングとして行われています。

ここまでは、設計や企画に携わる人であれば誰もが分かることかと思います。体験設計では共創を前提とした設計論を進めていますので、価値を考えるレベルがプロトタイピンクでも大変重要となります。

共創・具現では「価値探索プロトタイピング」を行うことが求められます。価値の探索ではユーザーや顧客、ステークホルダーからの気づきに注目して本質的要求と社会の将来展望に則った意味探索によるテーマづくり、価値設定、そして体験設計と進め、機能化を行います。この価値探索プロタイピングでは実態をつくることはできませんが、価値を簡易にイメージしたり、理解したりできるプロトタイピングを行いながら、より具体的な機能の形に表すまで試行錯誤を繰り返します。その結果として、機能化された価値は要件定義が行われて、製品化へと進められるのです。

最後に残るプロトタイピングは皆さんがプロトタイピングと呼んでよいものかと疑問を持つものです。すなわち商品です。これは「価値評価プロトタイピング」です。製品・システム・サービスは開発されて、商品となり価値に見合った価格を付け、商品としての情報をまとって市場、社会に登場します。ここで初めて設定した価値とそれを実現した体験設計が評価されるのです。ここからユーザーや

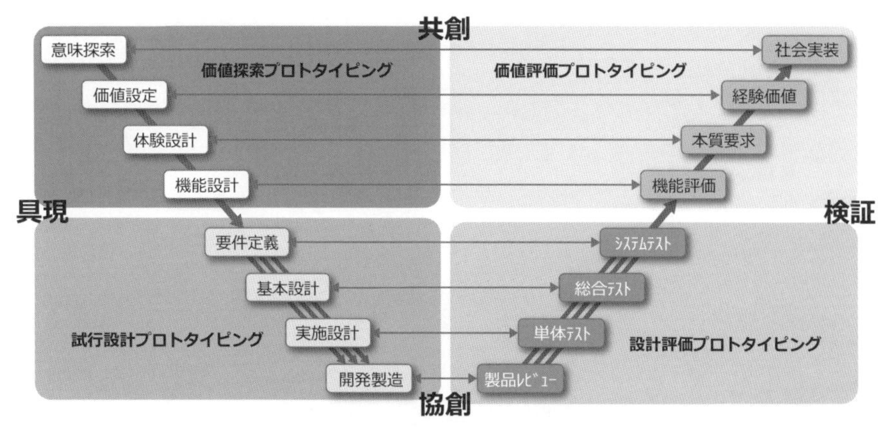

図7-10　体験設計に於けるプロトタイピングの種類

顧客、そして社会との間で検証が始まり、評価が出るのです。この評価は体験設計が生み出した価値を本物とするのに最も重要なプロトタイピングと言えます。

例えば、自動車を思い浮かべてみてください（図7-11）。初めて生まれた自動車は蒸気機関を馬車に積んだようなものです。「これ商品？」「あれで製品？」として顧客が受け入れたとき、これで完成と思ったことでしょう。しかし、現代の人から見て、あの時に自動車は完成品ではなく、プロトタイプ（原型）に過ぎなかったと思うはずです。もちろん、その後、どんどん改良されて時代とともに進化し、現代の自動車となりましたが、当時の価値であり、存在の意味は「人を自動で遠くへ運ぶ車」だったことは、形容詞はいっぱい付きましたが、現在でも変わってはいないのではないでしょうか。そう考えると、機能評価、顧客・ユーザーの本質的要求の検証、それを体験することでの経験価値の検証、そして社会へいかに実装されていくかを検証するという意味では新しい商品は「価値評価プロトタイピング」と言うことになります。

それでは価値探索プロトタイピングにあたる体験設計のプロトタイピングは具体的にどのように行われるかを考えてみたいと思います。そこには試行錯誤しながら生まれる多様な仮説を仮想体験できるようにする提示が必要です。とはいえ、いきなり製品・システム・サービスの完成試作を提示することはできませんし、この段階でそれをする必要もありません。

ここでは例としていくつかのものを取り上げます。まず、「なんちゃってシーン画像」は体験しているシーンを的確に表す画像を制作して、未来に起こっているシーンを写真として理解し、感じてもらうものです。また、「なんちゃってカタログ・パンフレット」は製品・システム・サービスがあたかも現在、存在しているかのようにカタログやパンフレットを架空のスペックで3D画像と使用シーン、販売価格などを含めて提示するものです。これにより未来の体験の情報を得て、その期待の検証を共有します。「なんちゃってストーリームービー」はシーン画像に時間軸を加えたものと考えてください。体験の流れやそこから得られる効能

図7-11　商品は価値評価プロトタイピング

などをより疑似体験しやすくします。最近ではスマホでのムービー撮影も簡単になり、編集も誰もができる環境が整ってきていますので、仮想体験としてのストーリームービーはその利便性が上がっています。コマーシャル映像のように制作することで、その期待感を測ることは大変有効である思います。また、コンピュータソフトウエアやWEBサイトにおいては「なんちゃって画面デザイン」が有効です。以前はパワーポイントやFlashなどを利用してGUI（Graphical User Interface）のシミュレータを作っていましたが、最近はMonacaやStoryboardのように実装を前提としたツールでのシミュレーションができるものや、Adobe XDのように作ってみたいシミュレーションを簡易に作成できるようなものまで出てきました。しかし、画面デザインの体験のスタートでは、画面の精度より時間をかけずに試行錯誤することが、まずは大切です。そこで、このようなツールを使う前にチームで集まって白板に手書きで書いた画面の遷移を次々と撮影して、これを並べるところから始めた方が、素直な感情に基づいた画面デザインが可能ではないかと思います。もちろん、ある程度できたら、XDに起こして評価することは必要かと思いますが。

最後に「なんちゃって操作体感」です。モノに触れて、見て、感じて、反応を受けて、身体全体で体験するプロトタイピングです。ハードウェアの形状による操作体験は3Dプリンタの出現で大変容易になりました。3Dデータを作ればすぐに立体となり、ある程度の評価は可能です。しかし、IoTやDXに伴う画面内の操作に留まらない、昔は難しかったハードソフトの「なんちゃって操作体感」のプロトタイピングは大変です。もちろん、機能は実現していませんので、「なんちゃって」です。センシングや動き、音、光、触感までをあたかもその体験をしているかのように実現するものです。これまでにも機能を仮に実現するためのツールはありました。例えば、イタリア製のArduino、カナダ製のPhidgets、英国製のRaspberry piなどがそれらの代表です。これらを使用して「なんちゃって操作体感」を実現することは可能です。しかし、これらは高度なプログラムスキルと豊富な回路設計知識が必要で、しかもちょっとした体験をつくるだけでも時間を要します。そこで、最近ではこのIoT、DXの「なんちゃって操作体感」の制作を容易にするツールができています。「なんちゃって操作体感」はこれまでのどの「なんちゃって…」よりもリアルで検証しやすい体験のプロトタイピングとなります。

以上のような「なんちゃって…」を駆使して、繰り返してより良い体験の試行錯誤をしながらプロトタイピングでアジャイル進行させることにより、チームやユーザーと良い体験コンセプトを共有して、求めるビジョンの方向性の確認と、意味（価値）と手段（機能）の優合を証明していくこととなります。これが体験設計のPoC（Proof of Concept・コンセプトの証明）となります。

【XDCAE Column】② Non Code Non Board Experience Rapid Prototyping 〈DX、IoT体験を素早くシミュレーション〉

プロトタイピンクの中でも体験設計の"価値探索プロトタイピング"では体験を素早く原型づくりすることが求められます。新しい体験のアイデアは考え出した道具や仕組みを使うとこから、その良し悪しだけでなく、その価値がすぐ分かるところから評価が始まります。特にDigital Transformation化へ向けた取り組みでは、これに対応したプロトタイピング手法を取り入れて、チーム全体でこれを共有して、構想力を高めることが必要です。

ところが、DX開発に関わる体験設計ではGUI、WEBソケット、IoTやロボット化のプロトタイピングが求められます。しかし、まだ機能仕様も決まっていない価値探索の段階で、これらを体験できるシミュレータを素早く簡単に制作することはなかなか難しいことです。例えば、家電、玩具、楽器、住設機器、車載器、介護・医療機器、オフィス機器、産業機器、公共機器などの、価値探索の体験シナリオのアイデアを描き上げた人は誰でも体験プロトタイピングを行う必要に迫られると思います。

そこでは設計・デザインのアイデア段階だけでなく、3Dプリンタの利用で、ハードウェアとコンピュータインタラクションのユーザビリティの関わりを検討するラフモックアップ段階、UIやUXを総合的に試してみる段階、そしてこれらをさらに推し進めて、コンセプトの証明（Proof of Concept・PoC）をする段階まで経験価値の効率的な試行錯誤と検証が求められます。

最近はGUIのシミュレーションをすぐに体験できるMonaca、Storyboard、Adobe Xdなどのアプリケーションがありますが、中でもAdobe Xdは容易にGUIの体験を制作できるツールとして定評があります。

XDCAEとしてここで着目するのはGUIに留まらないフィジカルな体験も含めたプロトタイプやユーザーに対応して反応するロボット体験のプロトタイプを容易に制作できるという意味で体験のラピッドプロトタイピングに対しての以下のような

期待です。

1.「**速考体験**」IoT、DX体験を誰でもすぐにつくって、使えるシミュレーション
2.「**試行錯誤**」IoT、DX体験をしての気づきからのつくり替えの繰り返し
3.「**実態共有**」開発者間のIoT、DX体験を通しての物理的コミュニケーション
4.「**新策挑戦**」市販の新デバイスでIoT、DX体験への可能性の挑戦
5.「**図説評価**」IoT、DX体験のユーザー検証ログ取得による視覚化
6.「**実装連携**」IoT、DX体験シミュレーションから機能設計連動

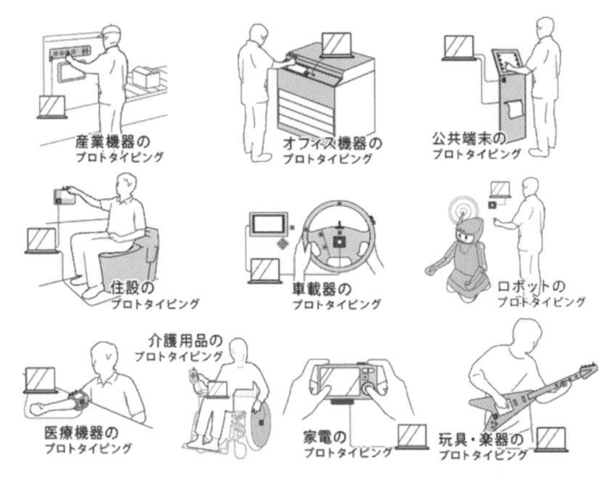

図-1　HOTMOCKの活用分野

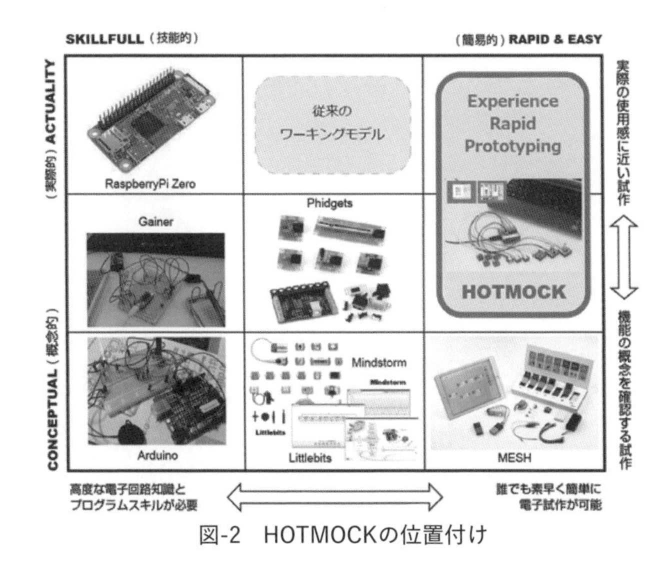

図-2　HOTMOCKの位置付け

これらの期待を実現するツールとして生まれたのがMeshやHOTMOCKです。これらはDX化に伴うエクスペリエンス・ラピッドプロトタイピングツールとして開発されたもので、上記の期待に沿うものです。利用者はエンジニアだけでなく、企画マンやデザイナーなどプログラム知識ない人も対象としています。さらに各種のデバイスを接続するためのインタフェースのプリント基板を制作する技術を持たない人でも使えることが特徴となっています。いわばNon Code & Non Boardの体験ラピッドプロトタイピングです。特にHOTMOCKは市販のスイッチ、各種センサー、アクチュエータ、LEDなどのデジタル、アナログ、I2Cのインプット、アウトプットデバイスを使用することができ、自由な構成が可能です。各デバイスからの信号を回路設計やプリント基板の製作をすることなしにHOTMOCK Settingのアプリケーションにより接続し、すぐにシーンインタラクションの制作に利用できます。

HOTMOCKは内蔵するコンピュータ"Raspberry pi"の性能をフルに活用して、Bluetooth、Wi-Fiなどの通信機能を持ち、小型ながら高速なレスポンスを実現しています。

シーンインタラクションを作成する画面操作はHOTMOCK Builderのビジュアルプログラミングにより、シーンのドラック&ドロップとデバイスを

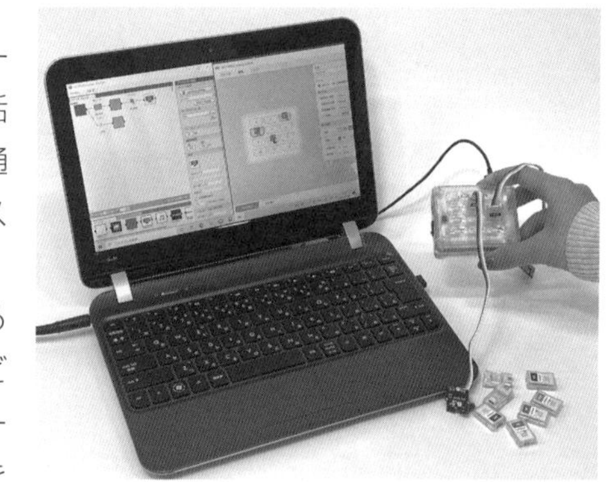

図-3　HOTMOCKの使用

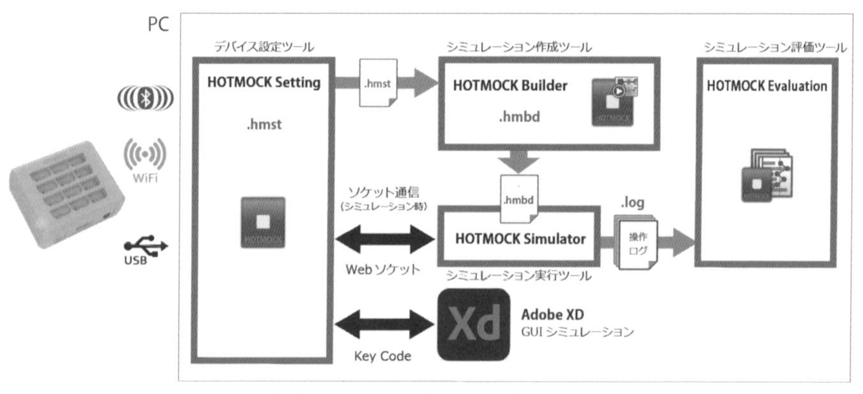

図-4　HOTMOCKのソフトウェア

指定するだけで操作やリアクションの体験を容易につくり、実現できます。また、画面遷移を評価する階層グラフ化理論のアプリケーションを搭載していますので、デバイスを使ったGUIの検証と評価を被験者のデータを取ることで解析することができます。

こうしたツールを使って、IoT、DXの体験プロトタイピングの効率と精度を上げていきたいものです。

HOTMOCKの詳細はウェブサイトへ　https://www.hotmock.com/

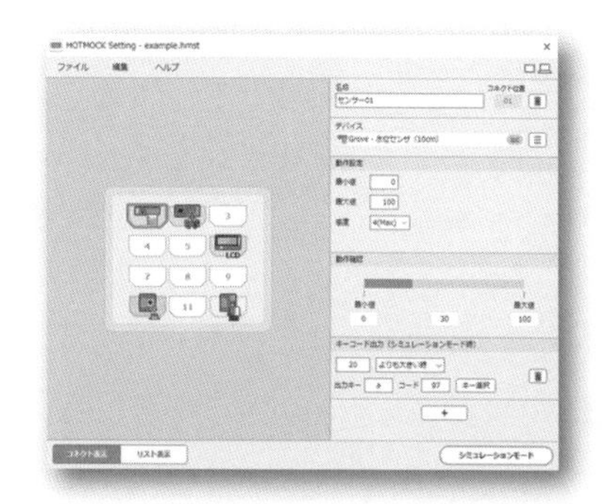

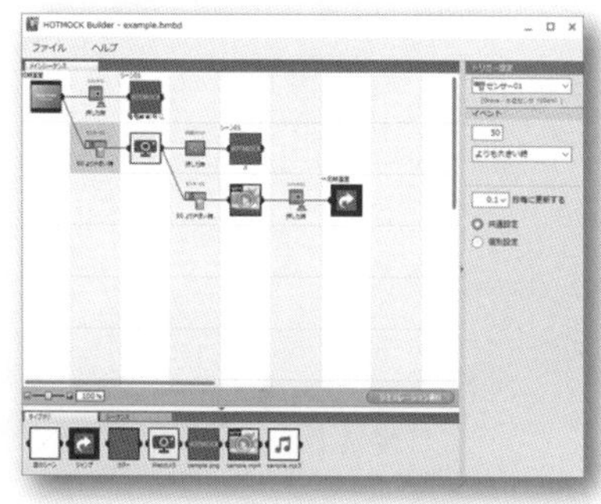

図-5　HOTMOCKのGUI

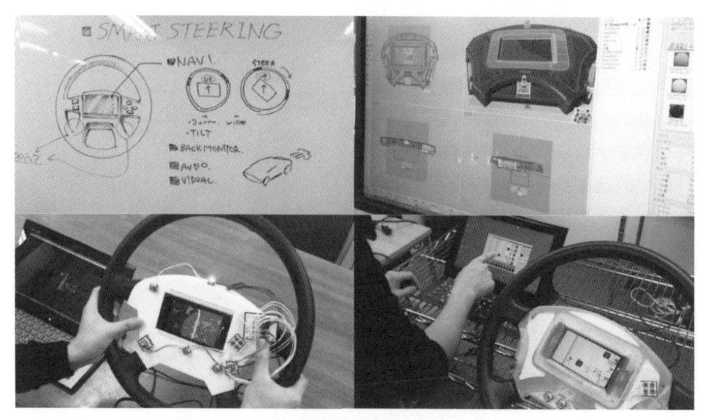

図-6　HOTMOCKプロトタイピング

7-5　体験設計の評価

体験設計の評価の基準となるのはシナリオ創出のフェーズで述べた「ビジネスの提供方針」「社会の将来展望」「顧客ユーザーの本質的要求」の３方向から行うことになります。基本はテーマ設定時に定めた「ビジネスの提供方針」に適応しているかを確認します。次に、目的としている「社会の将来展望」に対する効果があるかを確認します。これらを含めて「ビジネスの提供方針」と「社会の将来展望」はシナリオの評価の段階で、実現性、採算性、社会性などを基に評価ができます。この２点についてはプロジェクトチーム内の評価が第一義となります。しかし、「顧客・ユーザーの本質的要求」については、顧客やユーザーがこれまでに見たことも聞いたこともない、行ったこともないことについては、その体験をどのように評価するかは仮説を提示してみないことには全く分からないものです。そのため、その期待を顧客・ユーザーに諮ることで評価を得ることになります。

創出される体験への顧客・ユーザーの期待を評価するには書き起こされたシナリオを直接評価する方法もありますが、文章で書かれたシーンやタスクのシナリオ内容からその体験の評価をしてもらうことはなかなか大変です。そこで、先に示した様々な形で視覚化または実体化されたプロトタイプを活用することで期待感を的確に評価をすることになります。以下ではそのための調査と分析について述べることとします。

7-5-1　体験設計の評価方法

様々な形のプロトタイプとして視覚化された体験を調査し、評価するには定性的な方法と定量的な方法があります（表7-1）。

定性的な調査方法には観察手法、インタビュー手法、フォトダイアリー法、フォトエッセイ法、そして最近使われ始めているオンラインコミュニティ手法があります。また、SD（Semantic Differential）法を使った定量的な調査方法により、主成分分析、因子分析、重回帰分析などの多変量解析を応用した分析方法、期待度と重視度によるCXE分析があります。

観察手法ではプロトタイプを顧客・ユーザーが体験している様子をビデオエスノグラフィーなどにより得られた状況からの推測評価となります。また、インタビュー手法では構造化インタビュー、半構造化インタビュー、デプスインタビューやエスノグラフィックインタビューといった非構造化インタビュー、グループインタビューがあります。その中で一般的なものは、体験プロトタイプをユーザーの本質的要求項目の実現度について半構造化インタビューを行い、評価意見を抽出したものを総合的に体系化して、評価する方法です。これによる評価ははっきりとした有意差を抽出しにくい場合が多々あります。また、フォトダイアリー法はプロトタイプを体験する中で気になるところを写真で記録し、コメントしてもらいます。フォトエッセイ法ではプロトタイプの体験の中での気づきや思うところをそのシーン写真とともに記録してもらいます。いずれも体験のプロトタイプの完成度が要求されるので、実施することが難しく、インタビュー手法以上に評価結果があいまいなものとなります。また、視覚化されたプロトタイプによる体験をSNSなどのコミュニティを利用したオンラインブレストの形で評価する方法ではグループインタビュー的効果もあり、率直なユーザーや顧客の評価を聞き出すことができます。これにより集められた意見を体系化して、体験プロトタイプの評価とすることとなります。以上のように定性調査では評価を体系化して評価することはできますが、体験プロトタイプ案の間の有意差を明確に数字で示すことは難しいと思われます。

これに対して、体験プロトタイプの定量調査は多くの顧客・ユーザー候補の被験者に同一の質問で問いかけますので、はっきりとした有意差のある評価結果が得られます。以下に体験の期待を定量調査により分析する方法を紹介します。

表7-1　体験設計の調査・分析と評価方法

<table>
<tr><th rowspan="2"></th><th rowspan="2" colspan="3">調査方法</th><th colspan="5">分析方法</th></tr>
<tr><th>上位下位関係分析</th><th>KA法</th><th>KJ法</th><th>多変量解析</th><th>CXE分析</th></tr>
<tr><td rowspan="8">定性調査分析</td><td rowspan="5">インタビュー</td><td colspan="2">構造化インタビュー</td><td colspan="3" rowspan="8">体系化とその評価</td><td colspan="2" rowspan="8"></td></tr>
<tr><td colspan="2">半構造化インタビュー</td></tr>
<tr><td rowspan="2">非構造化</td><td>デプス</td></tr>
<tr><td>エスノグラフィック</td></tr>
<tr><td colspan="2">グループインタビュー</td></tr>
<tr><td colspan="3">オンラインコミュニティ</td></tr>
<tr><td colspan="3">フォトダイアリー</td></tr>
<tr><td colspan="3">フォトエッセイ</td></tr>
<tr><td rowspan="2">定量調査分析</td><td colspan="3">質問枝回答</td><td colspan="3" rowspan="2"></td><td colspan="2" rowspan="2">評価</td></tr>
<tr><td colspan="3">評価グリッド法+SD法</td></tr>
</table>

7-5-2　体験の期待値分析

新たに創り出された体験をどのように評価するかは、これまで様々な方法があると紹介しましたが、テーマに対して生まれた体験が顧客・ユーザーのビジョンを満たしているかを調べることがまずは重要かと思います。

そこで、ここに提示する体験の期待値分析ではユーザーの本質的要求に対する重要度を評価し、ユーザーの本質的要求を実現しようとしている価値に対しての顧客の期待度の評価で体験の仮説を総合評価したいと考えます。これを顧客体験期待分析、CXE（Customer eXperience Expectation）分析と名づけました。

顧客やユーザーへの仮説の提示は先に述べた様々なプロトタイプで行うことが望ましく、以下のような調査でSD法を使用して行います。

- ■製品・サービス体験のシナリオ（物語）提示による調査
- ■製品・サービス体験の解説カタログ提示による調査
- ■体験シーン画像、動画提示による調査
- ■体験プロトタイプ提示による調査

体験に対する期待度を探るCXE分析は評価項目別の期待度と、その総合的な重要度から重点改善領域を抽出する分析手法です（図7-12）。具体的には複数の体験のプロトタイプを提示してこれを多くの被検者に回答してもらいます。対象ユーザーに尋ねるのは、提示したプロトタイプの「どの体験を選択するか?」や「実現させたい体験は?」などの選択の意思決定に関わる項目（目的変数）と、このプロトタイプのシナリオを創出するための手掛かりとしたユーザーの本質的要求を評価項目（説明変数）とした言葉です。評価項目は「上手に使えそう」「楽しめそう」などの「……そう」という期待を表現する形でSD方式の対語による段階評価を行います。

分析結果は各評価項目を重要度（X）、期待度（Y）として散布図で表すことができます。その結果から体験のプロトタイプに対する重要度と期待度を求め、その２つの関係を明らかにします。

重要度は選択の意思決定に関わる項目（目的変数）とユーザーの本質的要求の各評価項目（説明変数）の相関で求めます。また、期待度はサンプル全体の各評価項目（説明変数）の値の平均を偏差値に変換したものです。

〈CXE分析の解析手順〉

アンケート結果の集計からプロトタイプごとの各評価値の平均を求めます。次

に全体平均の期待度と重要度を求めます。

1. 重要度の求め方（X値）

①プロトタイプ選択の意思決定に関わる項目の評価値（目的変数）とユーザーの本質的要求からなる各評価値（説明変数）それぞれとの相関係数を求めます。

②得られた相関係数の値を偏差値に変換し重要度とします。

2. 期待度の求め方（Y値）

①調査で得られた体験プロトタイプ全体の各評価（説明変数）のそれぞれの平均を求めます。

②算出した評価値の平均を偏差値に変換し期待度とします。

次に比較する提示したプロトタイプ「体験1」の期待度を求めます。

3. 各プロトタイプ案に対する体験の期待度の求め方

①集計結果から提示したプロトタイプ「体験 1」の各評価値（説明変数）の平均を求めます。

②求めた平均を偏差値に変換し期待度（1y）とします。

以上の手順から得られた値を重要度（X）と期待度（Y）の軸とした散布図に布置します。プロトタイプの体験の期待値評価のポジショニングは次の 4 象限に布置されます。

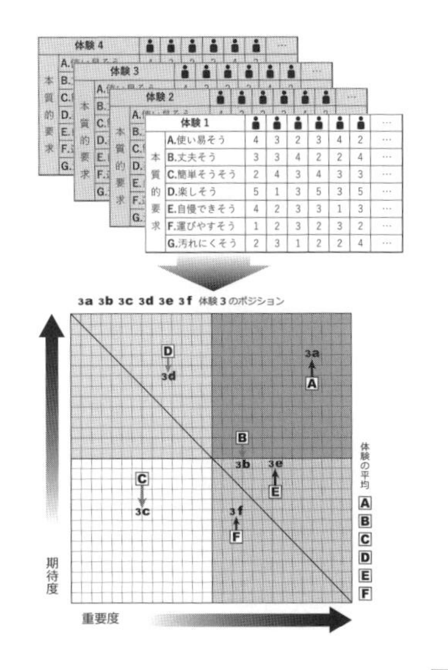

	体験 1							…
本質的要求	A.使い易そう	4	3	2	3	4	2	…
	B.丈夫そう	3	3	4	2	2	4	…
	C.簡単そうそう	2	4	3	4	3	3	…
	D.楽しそう	5	1	3	5	3	5	…
	E.自慢できそう	4	2	3	3	1	3	…
	F.運びやすそう	1	2	3	2	3	2	…
	G.汚れにくそう	2	3	1	2	2	4	…

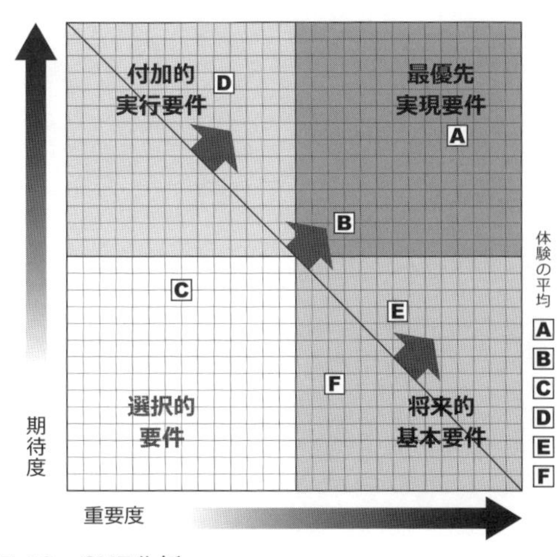

図7-12　CXE分析

1. **最優先実現要件**は重要性が高く、提示したプロトタイプへの期待も高いエリアです。
2. **将来的基本要件**は重要性は高いが、提示したプロトタイプではあまり期待されていないエリアです。
3. **付加的実行要件**は重要とは感じていないが、提示したプロトタイプでは期待できそうなオプショナルなエリアです。
4. **選択的要件**は重要性もなく、期待も低いので提示したプロトタイプの評価では選ばれる場合もあるエリアです。

以上のエリアに提示した各プロトタイプの本質的要求項目の平均値をプロットすることで、このテーマの提示仮説に対するユーザー（被検者）の思いを知ることができます。そして、この本質的要求の各位置に対して、各仮説プロトタイプのずれがそのプロトタイプの評価となります。例えば、最優先実現エリアにある要求で、そのプロトタイプが平均値より高い項目は要求の実現度が高いということになります。逆にその位置が下がっている場合はそのプロトタイプではその要求の実現度が低いということになります。こうして得られたポジションから各仮説の改善点や有効な部分が評価できます。

さらに具体的にするためには、ユーザーの本質的要求を実現していると思われる仕様へのコメントや要求仕様との関係を結び付けることで、仮説仕様とユーザーの本質的要求との相関関係を知ることができ、ビジョン実現の仕様に対する重み付けを行うことができます。

以上のような調査と解析を行うことにより、体験設計によって得られた価値の仮説、具体的にはプロトタイプからその後の機能化に向かう仕様構築へと進めることができます。

ここでは定量調査を中心としたビジョンの実現度合を調べる新しい評価方法を紹介しましたが、一般的にはグループインタビューやMROC（Market Research Online Community）などによる定性調査が行われています。プロトタイプなどの仮説の提案の仕方などにより、適宜選択して評価することが必要ですが、どの場合でも評価基準をテーマ設定のビジョンに則って明確であることが求められます。

【XDCAE Column】③　Quick Trend Analysis for Affective Marketing
〈感性マーケティングのためのクイック定量調査と解析〉

体験の期待値を用いた定量調査のCXE分析は事前に体系化したユーザーの本質的要求に対する期待度と重要度の評価でした。このほかにも体験設計を進めていく上で、体験の感性的評価や既存の製品やサービスに対する感性的評価を用いるケースが多々あります。体験テーマを設定する段階でも既存のものに対する体験モジュール的な感性の傾向を知ることは大変重要です。これまでのマーケティング的アプローチではあまり利用されていなかった人の感性からの方向づけですが、ビジョンを設定したり、テーマを定めたりするときには大きな役割を持ちます。体験設計では体験モジュールに関わる調査解析をすることはこれらに大きく影響するため、大いに行われるべきと考えています。

ただ、定量的な感性調査を実施しようとすると、準備に時間がかかり、費用も膨大で、被験者（パネル）のリクルーティングが容易ではなく、誰でもが簡単に行えるものではありませんでした。しかし、いまはインターネットを利用した調査解析が容易で、パネルのリクルーティングもパッケージとなった簡易で容易なクラウドアプリケーションが登場しています。ここで紹介するtrending.netがそれです。

trending.netはマーケティング調査会社による本格的なものと区別して、感性マーケティングに特化し、スピーディで簡易的な調査解析を目的としています。解析方法の種類ごとに示された手順に沿って、調査票を作り、パネル条件と人数を選んで発信するだけで、1～2週間後には結果が出ます。解析方法には、大きな感性トレンドを把握できる主成分分析、3つの要因となる因子の抽出による3軸から傾向を見ることのできる因子分析、また2つの項目のクロス集計から傾向が分かるコレスポンデンス分析があります。これらはそれぞれにクラスター分析（近似集団を分ける解析）が付随していて、どの分析結果もいくつかのグループとして表すことができます。もちろん、体験設計の期待値分析もCXE分析として定量調

図-1

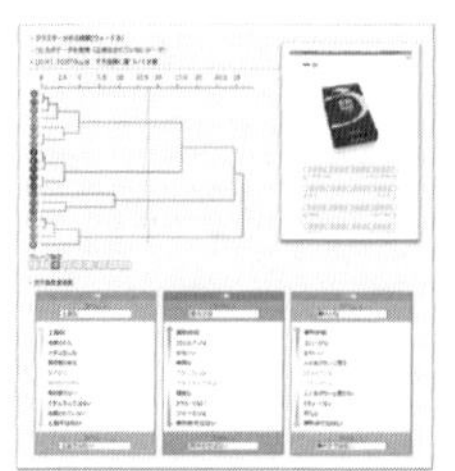
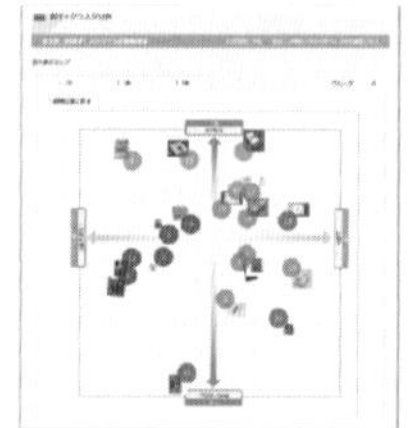
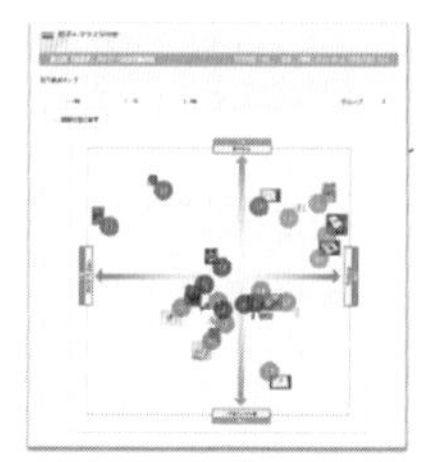
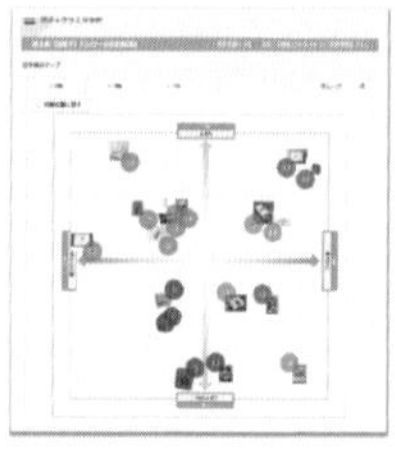

図-2

査ができるので、いろいろな形で体験設計の調査や解析として活用ができます。

こうした感性マーケティング的解析は大手企業や大学、研究機関で多く用いられていますが、なかなか一般化していません。そこで感性解析のトレンド・トピック事例をニュース的に発信することを試みたサイトを紹介します。その解析結果の興味から、感性解析の知識がない人にも活用できるツールとした「trending 百見聞」のクラウドアプリケーションです。このツールは調査対象の写真を用意し、用意されているSD調査用の評価用語を選択し、どんな100人の人に尋ねるかを設定するだけで、2～3週間で感性解析による優劣の序列やポジション、グルーピングを見える化できるものです。

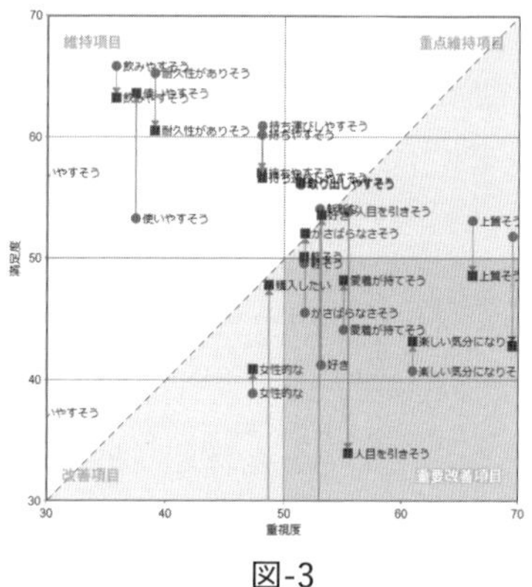

図-3

trending.netの詳しい内容はウェブサイトへ　https://www.trending.net/

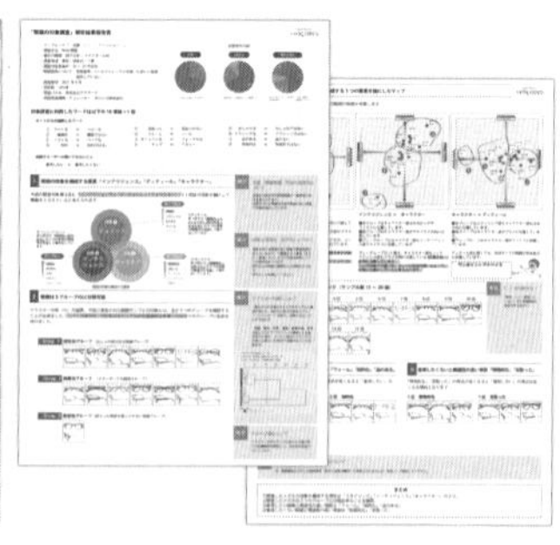

図-4

7-6　社会実装のビジネス構築

体験設計のプロセスはプロトタイプの評価を行い、機能化の内容がまとまれば完了という訳ではありません。ここではPoCが済んだだけで、PoB（Proof of Business）に関わる体験設計はこれからです。体験の仮説を具体化しながら進めなければならないのが、仮説体験の実装準備と社会実装方法を考える導入計画、そしてこれを着実に前進させるための体験実装の設計管理です。

実装準備により仮説の要点を明確化・共有化させて、その可能性調査を経て初めて憂いなく社会実装が進められます。また、導入計画では魅力的で新しい体験の仮説、すなわち革新となるべき価値を社会に導入していく手順を考えることと、新しい体験はユーザーや顧客にとって世界観がまだありませんから、これをいかに構築していくかなどの計画を練らねばなりません。さらに体験実装の設計管理ではこの計画に基づき、事業化に向けたステップごとに発生する課題をチェックし、解決に導くファシリテーションをしていきます。これにより体験設計によるビジネス構築が可能となります。

7-6-1　仮説体験の実装準備

まず取り掛からなければならないことが、体験イントロの設計視点で解説したイントロステップのシナリオの要点を明確に決めていくことです。「気づき」では顧客・ユーザーの本質的要求に対応した課題に訴求するポイントは何かをはっきりさせること。「探索」では顧客・ユーザーが調べたときにその体験の特徴が何かをはっきりさせること。「試用」では顧客・ユーザー候補となる人々との接点はどこにあり、その機会はいつかをはっきりさせること。そして、「獲得」ではその障害となるのは何かをはっきりさせることです。これらをはっきりさせて、チームメンバーで共有することが前提になります。

次に実装調査を行いますが、構造化シナリオ展開の間も評価の段階で簡易の調査をしていたと思います。ここでは体験実装を行う前準備として、再度、以下の項目についてしっかりとした調査を行う必要があります。

【知財】提案する仮説体験のどこが知財を取得できる対象となるのかを定め、調査します。また、これにより展開されるビジネスを国際的な市場も対象に含むかで、国際的な知財調査も必要となります。

【規制】提案する仮説体験の製品やサービスに関わる法令、条例、そして各種業界規定などの規制の有無とこの体験に関わる制限について調べておくことになります。

【市場】提案する仮説体験に近似価値を提供しているブランドが存在するかを確認し、それとの差を調べます。これまでにない提案であっても、自社の主力ブランドの置換えとなったり、業界の市場を大きく変えたりするような場合もあります。この場合は慎重にならざるを得ません。

【対価】提案する仮説体験の製品やサービスを実現させた場合、近似した市場での流通相場での対価を調べておくことも大切です。さらに仮説体験を実現した場合の積算での想定原価を試算しておく必要があります。この2つがあまりにもかけ離れているようであれば、それでも前進するか、再度、仮説を見直すかの判断が必要になります。

【顧客】これまでにない仮説体験を提案する場合、市場にはっきりとした顧客やユーザーはいないことが考えられます。と言うことは、顧客・ユーザーを創造するということです。しかし、ビジネスとしてスタートを切るには、プロトタイプの調査から想定できる潜在的な顧客をカウントする調査を行い、顧客創造の可能性を見つけておくことで安心できます。

7-6-2　体験実装のスケジュール

実装の準備を進めつつ、仮説体験のその後の進め方を考え、大まかなスケジュールを立てることになります。XDやHOTMOCCK、スキットなどで評価、確認した体験プロトタイプから実態化までのプロセスを管理するためのスケジュールです。具体的な1Dシミュレーションなどを経て、機能化の検討による機能モデル、サービスモデルなどの原型ができるまでのタイミングがあり、体験の骨子の評価、確認を経て、仕様化を行います。体験の仕様が決まってからは通常の実施設計となります。ここでは最終の成果に近い一品だけのモデル試作品やメインストリームだけができたシステムやサービスが完成し、体験の具体的な評価をユーザーに提示して確認をします。この後は製品・システム・サービスのための設備投資、システム投資、人的投資が行われて、100～1000のプロトタイプ製品を含んだサービスが出来上がり顧客・ユーザーが提供者の意図した体験ができているかを確認しつつ、改善を進めるという運びとなります。そして、販売ですが、ここではまだ製品・システム・サービスは改善を必要とするプロトタイプ商品です。ソフトのバグだけでなく、時には製品の金型の修正や画面デザインの変更なども起こります。しばらくこうした販売を続けることで、ある程度安定した体験のできる商品（的）になりますが、経験価値の検証についてはその後も継続させます。以上が体験実装の大まかなプロセスです。これに日程を入れて、より具体的なスケジュールとなります。

ここまでの実装スケジュールは素直に進んだ場合を想定していますが、途中の機能化や仕様化の段階で、研究課題や技術リソース、資金調達などの様々な理由で、本来到達すべきところまでいけない場合もあります。このようなときは中間ステップを設けた社会実装を計画し、無理をしない文脈で体験設計の実現を試みるべきです。一気にビジョンにかなった体験実装ができるとは限らないと認識することも成功への道です。

さらに、新たな体験実装を当初から完全なかたちで提供することはなかなか難しく、そのためスタートが遅れるなどすることが多々ありますが、どこまで完成度を上げれば提供してよいのかは、前例がないだけに決断しがたいと思います。新たな体験設計の提供ではこの完成度の上がるのを待たず、最低限支障がない状態で提供を始め、体験をつくり込みながら市場を育てていく顧客、ユーザー、ステークホルダーとの共創精神を持つことが社会へ実装していく早道です。そして、協業によりつくる協創だけでなく、顧客、ユーザーや共益者などのステークホルダーと共感して広めていく信頼の共創も欠かせません。

7-6-3　体験実装の設計管理

以上の準備とスケジュールにより、体験設計の社会実装に向けた機能設計、実施設計、生産・販売・サービスへと進めますが、その間、体験設計で意図したコンセプトが確実に実現できるようにプロセスの節目節目で確認していく必要があります。そのためには体験設計プロジェクトチームメンバーだけでなく、社内のこれに関わる人材の確保による社内体制を構築する必要があります。このためには、経営側にしっかり体験コンセプトとその将来性を納得してもらうことです。体験設計チームはこの体制の中ではファシリテータとして、すべてのディレクションに関わるべきです。また、体験実装する上では社内の技術リソースや生産リソース、販売リソースだけでは困難な場合もあるため、これらを社外から調達して、協業による協創を進める上での連携と体験コンセプトの情報コントロールもこのチームの役割として重要になってきます。

こうして体験実装の設計管理が順調に進み、機能化、製品化、サービス化のプロセスを経て、社会に実装されたとしても、さらに大きな壁があります。体験設計によって考案された価値は体験設計レベルの差こそあれ、これまでにない革新性を持つことになるため、どうしても顧客やユーザーには分かりづらく、抵抗感のあることが多々あります。Job Orientedなレベルの導入では、初めての体験に対する戸惑いから受容性に課題があります。Scene Orientedなレベルでも既成環境と既成状況との違和感からの課題が現れます。また、Task Orientedなレベルでは習慣化した操作手順との折り合いをつける必要が出てきます。このように体験設計レベルで価値導入の認知が大きく異なるので、この克服も体験の社会実装の課題となります。

こうしたプロジェクトチームのファシリテーションによる管理がうまくいかず、顧客やユーザーの声に押し戻されて、折角の新たな革新的な体験が世の中に実装されないことは大変残念です。そこで、体験設計されたイノベーションを挫折せず、定着させるために注目すべき体験実装の要件が望まれます。次章以降で例題や実例を通して、この体験実装に関わる注目すべき諸要件について学びます。

Chapter 8
体験設計の例題

身近なサンプルにより、体験設計のプロセスを構造化シナリオとプロトタイピングによる視覚化の評価を例題として紹介します。この例題は2015年頃に体験設計によるプロトタイピングを説明するテーマとして作成したものです。例題の想定企業は通信関連のサービスを開発・販売するIT企業で、IoTを取り入れた新しいビジネスへの参入を目論んでいます。

8-1 例題テーマ「受付おもてなし」

取り上げたテーマは「受付おもてなし」です。皆さんの会社にも大なり小なりの受付があると思います。来訪者と社内との結界にあたるところです。大手企業には受付嬢がいて心地よく対応してくれますが、小さな事業所では電話ひとつが置かれ、無味乾燥な対応に苦慮しているかと思います（図8-1）。

これまでの問題解決型のアプローチでは受付における対応の在り方を考えると、受付嬢に代わる対応は何だろうか。電話での応対は誰がするのだろうか。受け付けた後の来客担当者との接続をどう解決するか。と、いろいろな課題の複合的な解決が求められて、一度にはこれらの問題解決が難しいと感じると思います。そこで、こうしたIssue Drivenなアプローチではなく、Vision Drivenなアプローチの体験設計による解決を試みたいと思います。ところで、訪問者はこの受付に訪れるとき、どんな思いを持ち、来客者を迎える担当者はどのようなビジョンを持ち、進化させようとしているのでしょうか。

図8-1　来訪者の迎え方を例題テーマに

8-1-1　ビジネスの提供方針

この企業における今回のプロジェクトは、自らの強みのリソースである通信サービスを一般企業の日常の中にある業務がIoTを導入することで革新されるであろうと思われる新規ビジネスへの取り組みとして、「通信インフラ会社としてIoTを活用した新しい体験を提供する端末を開発して、社内システムとセットでの販売展開」することをビジネスの提供方針としました。

8-1-2　社会の将来展望

これからの社会では人手不足とジェンダーフリーから若い女性に受付嬢を頼み続けることは難しくなる上、セキュリティ強化のために受付でのチェックはより強固になりますが、来訪者にとってはエントランスが最初の印象なので蔑ろにできないとする企業も増えると予測されます。そして、今後のニューノーマル社会では対面を避けるため、映像やロボットなどの導入によってこの受付での対応が変わっていくことになると思われます。

8-1-3　ユーザーの本質的要求

早速、お付き合いのある企業や自社の様々な職種の人にインタビューを展開しました。インタビューの聞き取りタイトルは「会社の受付について」です。10人前後の人に半構造化インタビューを試みました。用意した質問に答えた後に「それはどうして?」を重ねていき、答えの背後にあるその真意を聞いていきました。結果、図8-2のユーザーの事象が集まり、これを上位下位関係分析法で、行為目標である「…したい」「…したくない」などの言葉にまとめ潜在要求の言葉に替えて、10項目の行為目標としました。さらに、受付のおもてなしに関する最上位のニーズである本質的な５つの要求にまとめました。より大規模に調査したり、別のチームが行えばより多様な違った結果になったかもしれませんが、今回は訪問を受ける側と訪問する側の立場の両方の本質的要求として次のようになりました。

- 会社の印象をよくしたい
- 気分よく会社訪問したい
- 来客を丁寧に応対したい
- 仕事に集中したい
- 接客を効率よく対応したい

これらのユーザーの本質的要求項目を起点として、新たな魅力的な経験価値が生まれるかの挑戦が始まりました。

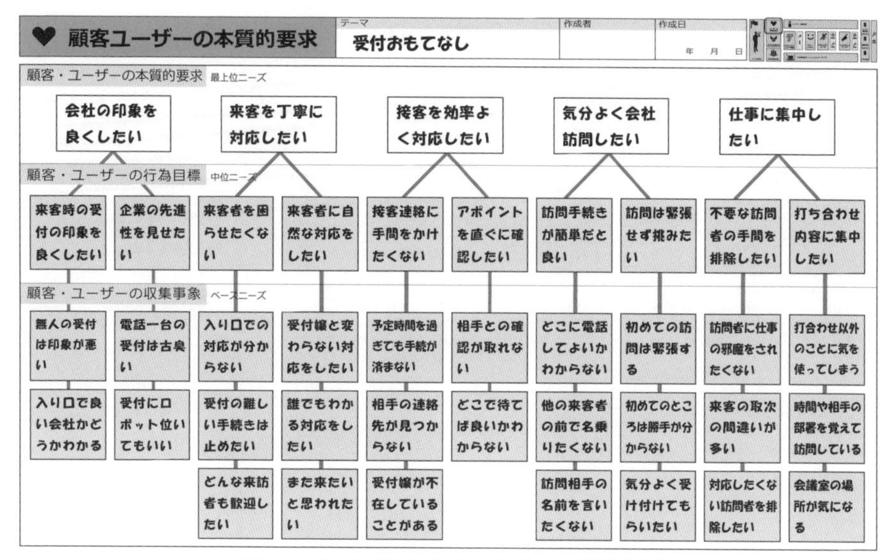

図8-2　受付に関するインタビュー調査分析

8-2　アクティビティアイデアシナリオの展開

構造化シナリオのフォーマットに沿ってシナリオのアイデアをチームの各々のメンバーが展開していきます。ここではシナリオの完成度よりもアイデアの魅力や新しさを見つけながら思うがままに数多く書くことを心掛けました（図8-3）。

ビジネスの提供方針と社会の将来展望は決まっているので、そのまま転記。また、アクティビティアイデアで実現したいユーザーの本質的要求を５項目の中から選んで記載しました。これは一つでも全部でも別に構わないですが、自分がこれは解決できるというものを選べばよいでしょう。そして、アイデアが思いつくと、まず誰のアクティビティなのかを「アイデアシナリオで想定したユーザー」欄に記載します。「……な人たち」といった感じです。

次はまさにシナリオ、そういう人たちがどんな行動をすると魅力的なのか、そしてこれまでにないのか。これを書くときのルールは全くありません。散文的でもいいし、箇条書きでも自由でいいと思います。その活動とその時の気持ちが伝わればよく、受付おもてなしのアイデアのシナリオでは立場が２通りあるということで、両方の立場のアクティビティを書いて説明しています。こうした書き方

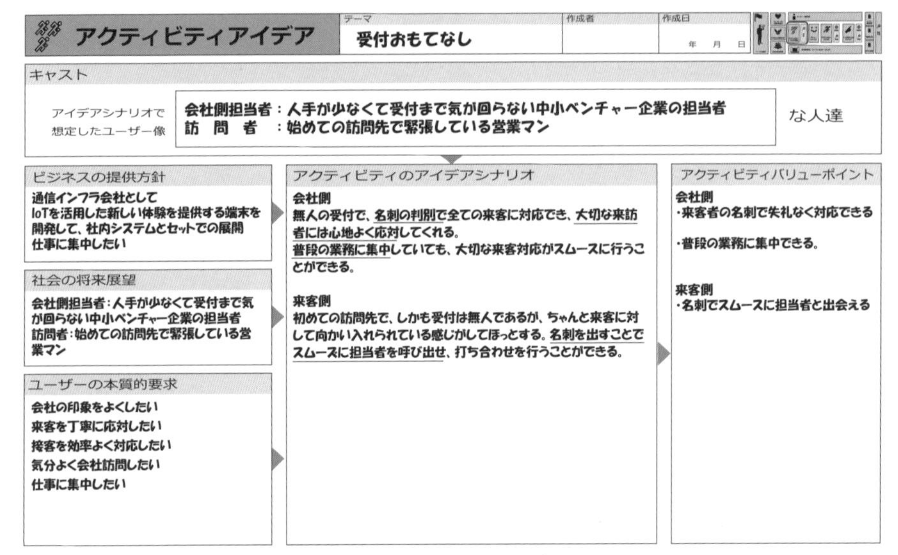

アクティビティアイデア
テーマ：受付おもてなし
作成者
作成日　年　月　日

キャスト
アイデアシナリオで想定したユーザー像
会社側担当者：人手が少なくて受付まで気が回らない中小ベンチャー企業の担当者
訪　問　者　：始めての訪問先で緊張している営業マン
な人達

ビジネスの提供方針
通信インフラ会社として
IoTを活用した新しい体験を提供する端末を開発して、社内システムとセットでの展開
仕事に集中したい

社会の将来展望
会社側担当者：人手が少なくて受付まで気が回らない中小ベンチャー企業の担当者
訪問者：始めての訪問先で緊張している営業マン

ユーザーの本質的要求
会社の印象をよくしたい
来客を丁寧に応対したい
接客を効率よく対応したい
気分よく会社訪問したい
仕事に集中したい

アクティビティのアイデアシナリオ
会社側
無人の受付で、名刺の判別で全ての来客に対応でき、大切な来訪者には心地よく応対してくれる。
普段の業務に集中していても、大切な来客対応がスムースに行うことができる。

来客側
初めての訪問先で、しかも受付は無人であるが、ちゃんと来客に対して向かい入れられている感じがしてほっとする。名刺を出すことでスムースに担当者を呼び出せ、打ち合わせを行うことができる。

アクティビティバリューポイント
会社側
・来客者の名刺で失礼なく対応できる
・普段の業務に集中できる。

来客側
・名刺でスムースに担当者と出会える

図8-3　アクティビティアイデアシナリオ

の方が、表現しやすい場合はそのまま素直に書く方が分かりやすいこともあります。

シナリオが書けたら、客観的に見て、自分としてはここが新しい価値を生む行動であったり、気持ちであったりではないだろうかと思うところに下線を引き、強調することをお勧めします。漫然とシナリオを記述するよりもはるかに行為のポイントを押さえることができるからです。

このフォーマットの最後の記載は「アクティビティバリューポイント」です。シナリオに下線で記した部分を要約して、どんな価値があるかを一文にまとめて記載します。一つの場合もあれば複数の場合もあると思いますが、どれも「満足」を意味する新しいことと魅力的であることに心がけて書きます。

このアイデアシナリオはあくまでもアイデアですが、チームメンバーがそれぞれの気づきと発想で何案も出すことを勧めます。それぞれのアイデアを各メンバーが読み、これらから魅力的で新しいと思われるアクティビティバリューポイントを抽出します。このとき、シナリオの朗読会になるような光景もよく目にします。そして、どのシナリオが良く書けていたという評価ではなく、価値の要素となるアクティビティバリューポイントを見つけて、良いアイデア同士をマージしていくことが重要な作業なのです。

8-3　バリューシナリオの展開

アイデアシナリオで評価されて抽出されたアクティビティバリューポイントを上手に組み立てて、構成するのがバリューシナリオです（図8-4）。本来、ここからシナリオづくりを始めるのがエクスペリエンス・ビジョンですが、実践ではなかなか価値のアイデアをいきなりまとめるのが難しいことが多く、アイデアシナリオを評価して、まとめたものをバリューシナリオとしています。

アイデアシナリオのアクティビティバリューポイントをまとめるとき、もちろんバリューシナリオは一つにまとまるとは限りません。複数のバリューシナリオにまとまることも多々あります。これらは次のアクティビティシナリオに行く前に、本質的要求の達成度やビジネスの提供方針、社会の将来展望との適応性も考えて、新規性と魅力性の観点から評価し、絞り込むことになります。絞り込みにあたっては外部からの情報収集は欠かせません。考え方は違っても、同じような行為となるものや、体験した結果として同じような結果となるものが出てくる場合が多々あります。これらを調べることで発想したバリューシナリオの特異性と優位性も見えてくるはずです。

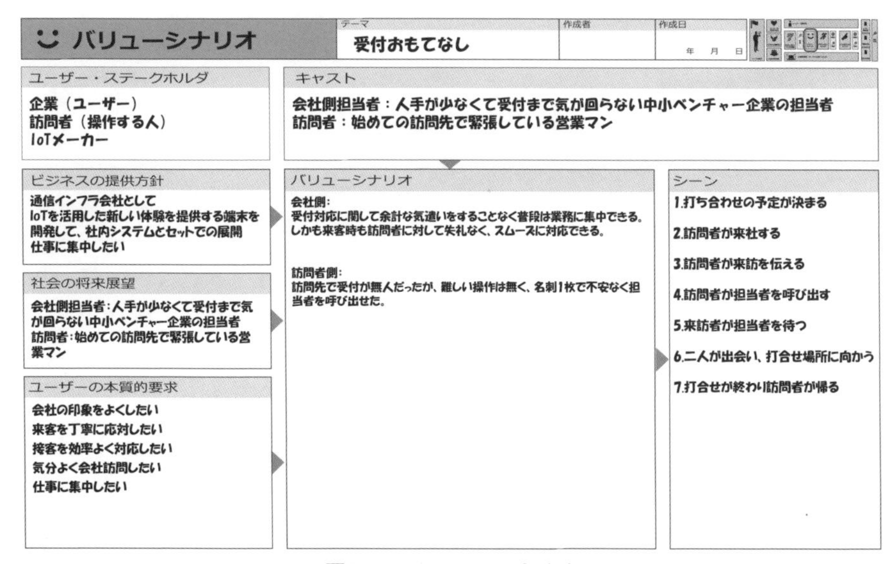

図8-4　バリューシナリオ

バリューシナリオの記述ではユーザーやこのアクティビティに関わるすべてのステークホルダーを挙げておきましょう。また、主人公となるユーザーや顧客をキャストとしてどのような人たちなのかを明確にしていくことが大切です。バリューシナリオ本文にはどんな価値のある行動なのかを明確に書き、提案しようとするアクティビティの主たるコンセプト（概念）を規定するような記述が求められます。多くを書かずとも「こういう体験にこういう価値があるね」という内容です。ユーザーが複数いればその数だけ価値のコンセプトを書いた方が良い場合もありますが、ここでは総じて「こんな価値だね」と分かるようにすることを心掛けてください。

そして、この経験価値のコンセプトはどのようなシーン（情景、状況、ステージ）で構成されているかを書くことで、概念話とならず、より具体的なアクティビティシナリオ（活動と情動のシナリオ）の記述に向かうことができます。バリューシナリオで展開されるシーンは短期間に行われる体験から長期にわたって行われる体験までシーンとして記述する必要がありますが、全部が次のシナリオ展開に進むものではありません。しかし、最終的にアクティビティをユースケースとして展開するときには、ここでのシーン名称はヒントになります。構造化シナリオの展開を推し進める上では、提案する価値を実現する上で最も重要となるとか、最も鍵となる内容が含まれる価値筋のシーンを抽出して、次のシナリオ展開に進みます。

8-4　ペルソナの設定

アクティビティアイデアシナリオの展開では「誰の」というユーザー像や顧客像を規定せずテーマの行為の言葉を基に自由な発想をしましたので、「…な人たち」という漠然としたものでした。しかし、アイデアシナリオの展開の中から評価されて選ばれたバリューシナリオでは、その価値を実現するのに関わるであろうステークホルダーをユーザーや顧客とともに抽出して表現しています。ただ、この時点で厳密なステークホルダーを規定することもできませんので、ここでは大きく影響のあると思われる関与者に留めておきます。また、同時にバリューシナリオではキャストを設定しています。このキャストはもちろん、このシナリオの「配役」です。アクティビティの中心となる人物を表現しています。ここでの人物像は基本的には１人を想定していますが、アクティビティが２人の掛け合いの場合はその２人、家族４人が対象であればその家族など、複数のキャストを想定することもあります。ここはあまり厳密に考えず、テーマとアクティビティを表現する上で自由に決めてください。ただ、複数の人物が絡んだアクティビティのシナリオは描くのも大変ですし、評価するのも大変ですので、価値筋にあまり絡まないようであれば、１人にしておくことが無難です。

次のアクティビティに進む上でのキャストのより詳細な表現として「ペルソナ」を使います。人物像を明快にして、活動や情動を書きやすくするためです。

ところで、ご存知かもしれませんが、ペルソナはもともとギリシャ古典劇で役者が被る「仮面」を意味しますが、スイスの心理学者のカール・ユングが彼のユング心理学の中で、意識・無意識という観点で、「無意識の中に存在する人間の社会的な側面のこと」をペルソナと定義しました。 これを受けて、マーケティングではこのペルソナという考え方を発展させて「仮想のユーザー像・人物モデル」の意味として使っています。

一般的にマーケティングで使われている「ターゲット」は商品やサービスの想定顧客を表し、市場細分化（セグメンテーション）によるジェンダーやライフステージ、地域、そして趣向などの漠然とした内容で標的を表しています。ペルソナはこのターゲットと異なり、理想や思い込みではなく、現実のデータをもとにあくまで身近にいそうなリアルな人物像としてより深く、詳細に設定します。

体験設計におけるペルソナの作成はチームのユーザー像を一致させる上で重要な作業であり、ユーザーの本質的要求に対するアクティビティシナリオを描きやすくする上で、仮想の人物像を共有しやすくするメリットがあります（図8-5）。

実際にペルソナを想定するには現実の統計データを参考にしたり、テーマに合った統計データがない場合には自らユーザー調査を試みる必要が生じるかもしれません。これはテーマのバリューシナリオに対して、ペルソナと近似するユーザーや顧客のボリュームがビジネスの提供方針に沿ったものかをこの時点でチェックする意味もあります。当然、多くの人に提供するためには、選定されたバリューシナリオが望まれるであろう複数のペルソナを準備することになり、これらのペルソナに対する体験のさせ方を次のアクティビティシナリオで展開し、共通点と相違点を見つけることがペルソナによる体験づくりの要点となります。

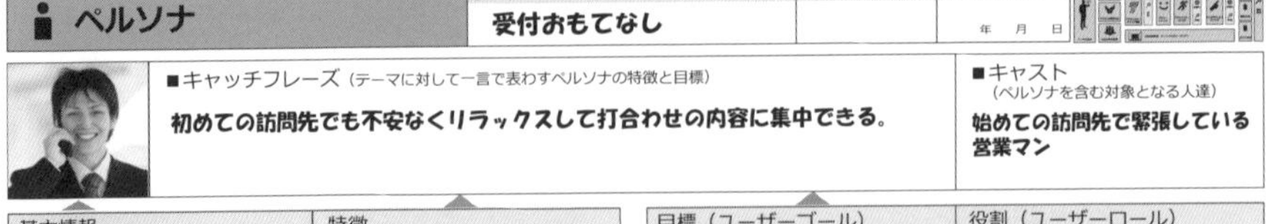

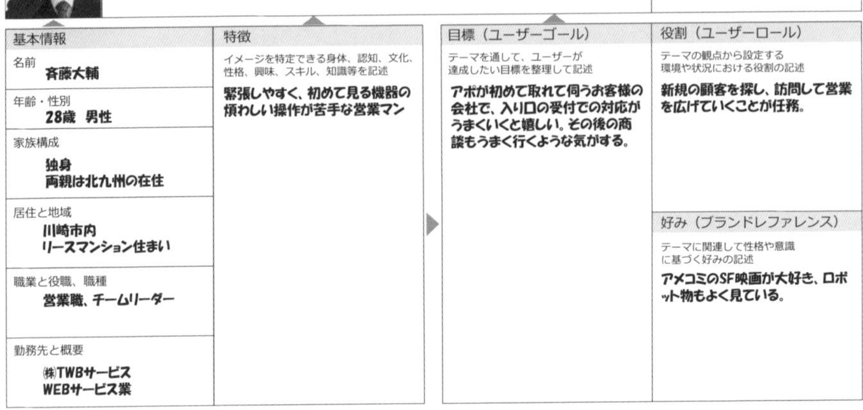

図8-5　ペルソナの設定

8-4-1　具体的なペルソナシートの作成

まず、キャストにバリューシナリオからのペルソナを含む対象となる人物像を記載し、想定されるユーザー、顧客の中から抽出した典型的な人物の基本情報を記載します。名前、年齢、性別、家族構成、居住地域と居住形態を設定します。家族構成は独身でも親について触れるなどして、生活状況を把握しやすくする工夫をします。職場での役割ということで、職業や役職、職種などを設定し、組織勤めであれば、想像できそうな仮想の企業名などを書いておくと現実感が出て、イメージをつかみやすいでしょう。ここまではデモグラフィックな設定でしたが、この後は性格や信条を書いていきます。

ペルソナの特徴としては、イメージを特定できる身体、認知、文化、性格、興味、スキル、知識などを記述します。そして、その人物のテーマに関わる部分での目標（ユーザーゴール）、役割（ユーザーロール）、好み（ブランドリファレンス）があります。目標は提供する製品・システム・サービスを通して、ユーザーが達成したい目標を整理して記述します。また、役割はテーマの観点から設定する環境や状況における役割を記述します。好みはテーマに関連しての性格や意識に基づく好みを記述し、共有します。

テーマに対して一言で表すペルソナの特徴と目標をキャッチフレーズの短文で表現します。これはペルソナの形容詞として使うことでチームメンバーのイメージを共有しやすくするためですし、意思決定者にプレゼンテーションする際の適格性を得るためでもあります。

8-5 アクティビティシナリオの展開

評価によって選定されたバリューシナリオから2つの項目を特定して、具体的なアクティビティシナリオを展開します（図8-6）。一つはキャストからのペルソナの選定です。対象キャストがバリューシナリオで特定されているので、これに見合うペルソナ像を複数想定します。このペルソナが最終的な顧客やユーザー像となります。幅の広い人々への経験価値を生むためには、より違いのある複数のペルソナでバリューシナリオを実現するアクティビティを書くことになります。

もう一つの特定すべき項目はシーンです。体験による経験価値をすべて表現しようとすれば、体験ジャーニーをすべて書く必要があり、これは開発プロセスとしては大変な負担となり、発想法としてはあまり現実的ではありません。そこで、シーンの中でも「価値筋（勝ち筋）」と思われるシーン、すなわち「ここの活動と情動が魅力的で、これまでにないものであれば…」と思われるシーンを選択して、そのアクティビティのシナリオを描くことで、効率よく体験の骨子を見つけることができるのです。バリューシナリオで良いと思っていても、この価値筋のシーンがなんとなくはっきりしていなかったり、魅力的な活動や情動が書けなかったりする場合はあまり良い価値とは言えないことが多々あります。この場合、前に戻ってバリューシナリオを書き直すか、他のバリューシナリオに変えることもあります。

アクティビティシナリオの記述ではペルソナの活動と情動をラジオドラマのように書けるとイメージしやすいでしょう。ペルソナが、いつ、どんなときに、どう行動したか、そして都度どのような気持ちになったかなど、シーンを追って時間経過とともに記述します。主人公のペルソナの名前を書くことでよりリアルに感じることができます。

ここで一つ書いてはいけない記述があります。それは具体的な対象の物や特定の商品名、サービス名を書くことです。これはそのアクティビティのイメージが

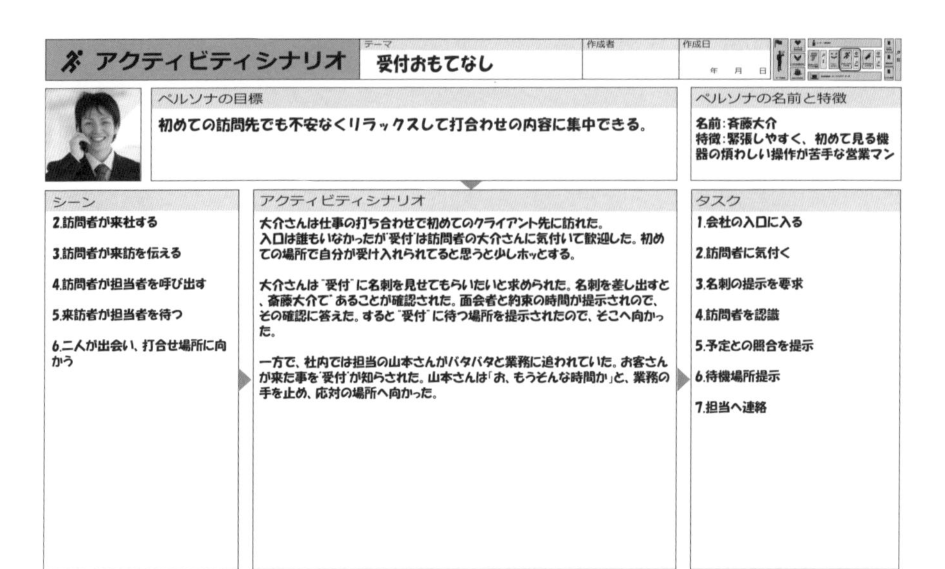

図8-6　アクティビティシナリオ

それらに引っ張られて、シナリオを解釈する人に先入観を与えてしまうことになり、評価に影響するからです。体験設計では新しい魅力的な体験を創出することが目的ですから、できる限り既存の概念から離れることをお勧めします。これにより次のステップでのアイデアの展開も広がり、既成の枠を超えた体験の創出が可能となります。例えば、商品やサービスを「『あれ』に頼んで…」とか、「『これ』を使って…」といった具合です。それでもインターネットやWi-Fi、ブルートゥースとかスマホ、パソコンなど、皆さんが普遍と思われ始めているものを言葉として使いたくなるものです。これらの言葉を使ってはいけないと言っているのではありません。バリューシナリオで見つけた価値のコンセプトが、その枠内であると思う場合はやむを得ないですし、もし、そうした既存の概念を超えての体験を創りたいのであれば、使うべきではないということです。そのような判断をプロジェクトチーム内で共有して進めることが得策です。

アクティビティシナリオが書けたら、もう一度読み返して、「ここの行動は新しいね！」とか「このような気持ちになれるのは魅力的でいいね！」といったところを見つけてください。そして、その部分に下線などのマークをして、要点であることを示します。この要点となる部分、すなわち価値筋の要点となる活動、情動の部分を抽出して、これを行うときのタスクの名称を右の欄に順序だてて記述します。これにより、次のインタラクションシナリオ（操作のシナリオ）に進むことができます。

アクティビティシナリオの価値筋が複数のシーンにわたる場合には、ストーリーボードだけでなく、体験ジャーニーマップを作成することをお勧めします。各シーンの活動や情動のつながりを時間軸で確認しておくことで、価値筋の全体との関わりも見えてくるからです。

複数のペルソナで、チームメンバーによるアクティビティがまとめられたら、再度そのシナリオの本質的要求の達成度やビジネスの提供方針、社会の将来展望との適応性をチェックします。新規性と魅力性については既に前フェーズで判断しているので、ここでの評価の観点は「効果」です。新しくて魅力的でもペルソナにとってあまり役に立たないものはこの時点で消えてもらいます。特に価値筋の要点の部分が顧客やユーザーにとって良い効果があり、今後の社会にとっても良い効果があることを条件に評価して、選定します。

なお、体験設計では上位概念から進めるレベルと、中位、下位概念から進めるレベルがあります。ジョブオリエンテッド（用事起点）では確かにアイデア⇒バリュー⇒アクティビティと進む必要があるかと思いますが、中位概念の環境や状況がはっきりしていて、行為の目的もある程度定まっているシーンオリエンテッド（状況起点）な場合はこのプロセスを踏むことなく、このアクティビティシナリオをスタートとしてもよい場合があります。この場合、既存のシーンにおける活動と情動がどのように変わり、魅力的で新しいのかと、提案するアクティビティが既存のアクティビティと比較して、どう効果が増すのかを明快に展開し、評価・検証することが求められます。

いずれにしても、ここでの評価についてはできるだけ体験を視覚化することをお勧めします。例えば、紙や発泡材などを使ったペーパープロトタイピングやスキット（小芝居）によるアクティングアウト、ユーザー対応を想定してあたかも本当にリアクションしているかのように体験させる「オズの魔法使い」手法などがあります。これらはモノやシステム、インフラがなくてもアクティビティの検証を可能にします。実際にやってみると、チーム内とはいえ最初は気恥ずかしいものですが、慣れてくると様々な気づきが得られ、検証しやすいことを実感します。

8-6　インタラクションシナリオの展開

構造化シナリオの最後のフェーズとなるインタラクションシナリオは、これまでより詳細なシナリオづくりとなります。ペルソナはアクティビティシナリオを引き継ぐ場合もあるし、アクティビティシナリオの評価でペルソナに無理が出てしまうなどから、絞り込んだり、少し変えたりすることもあります。そうした経緯から、ペルソナのインタラクションの目標をアクティビティより、具体的に記載することになります（図8-7）。

前フェーズで選定されたアクティビティシナリオで注目された価値筋の要点となるタスクを順次記載して、その順番に操作のシナリオ、インタラクションシナリオを展開します。このタスクにおいても選ばれたタスクをすべて展開すると膨大なシナリオとなりますので、要点の中でも効果に大きく影響を与える操作や操作の難易度が高いタスクを中心に展開します。そして、ここでは活動や情動の記述はより具体的になるだけでなく、体験のリアリティを高めることが求められます。

インタラクションシナリオの書き方としては製品・システム・サービスを想起しやすいネーミングを付けることがコツです。ブランドや愛称のようなものでよいと思います。こうすることで、前フェーズで「あれ」「これ」と言っていたものが、より具体的な印象になります。そして、このネーミングを使って操作する内容を展開することで説明がしやすくなります。因みに、この例題では“Hello Jr”としています。

体験設計では機器やシステムのインタラクションをシナリオとして取り扱うだけでなく、様々な人の体験をインタラクションとしてシナリオ展開します。アクティビティシナリオで評価選定されたものをそのタスクごとに展開するとき、HOW（どのようにして）がアイデアを展開する中心となります。アクティビティの実現方法として、新たなモノ、すなわち製品をイメージして展開する場合もあれば、新たなシステムやアプリケーションソフトウェアをイメージしての展開もあります。また、サービスではヒトによる賄いによってそのアクティビティを実現することもあります。そして、これらを複合させなければ実現できないインタラクションも出てきます。このインタラクションシナリオでは「何で」アクティビティを実現するかの先入観を持たず、あらゆる手段、あらゆる技術、あらゆ

インタラクションシナリオ

テーマ	作成者	作成日
受付おもてなし		年　月　日

ペルソナの目標

端末の操作を意識しなくても、相手の部署に自ら呼出しをお願いしなくても、受付の端末が対応してくれて、担当者を呼び出す事ができる。

ペルソナの名前と特徴

名前：斉藤大介
特徴：緊張しやすく、初めて見る機器の煩わしい操作が苦手な営業マン

タスク

2.訪問者が来社する

3.訪問者が来訪を伝える

4.訪問者が担当者を呼び出す

5.来訪者が担当者を待つ

6.二人が出会い、
打合せ場所に向かう

インタラクションシナリオ

大介さんが相手先の会社の入口に着くと、"Hello Jr."が訪問者を認識し、ポーンとやさしい音を発して会釈した。ディスプレイが見えたので、そちらを見ると「ようこそお越しくださいました」と歓迎の文字が読めた。

大介さんが近寄ると"受付君"が、大介さんの前にトレーをスッーと差し出し、「名刺をお見せ頂けますか？」と表示して、本人確認の為の名刺を置くようにと促した。

大介さんが名刺を置くと、トレーが戻り"Hello Jr."が名刺に照明を当てて撮影した。名刺の画像と共に「14：00に御予約の東横商事の斎藤大介様ですね」表示されたので、「はい」と答えた。（"Hello Jr."は社内サーバーにアクセスし社内スケジュールと照合）"Hello Jr."の名刺トレーが前へ差し出されて名刺を返してくれた。

返却された名刺を手に取ると、「営業課の山本が直ぐに参りますので、5番のテーブルでお待ちください。」とディスプレイに表示され、そこへ向かった。

一方、社内の山本さんのPC画面には「14：00来社予定の東横商事　斉藤様が来社。5番テーブルにご案内。第3会議室使用可」とポップアップ表示された。それを見た山本さんは5番テーブルへ向かった。

仕様へのコメント

・来客の認識

・会釈する動作と音

・メッセージの表示

・名刺受け取り動作

・名刺スキャナー

・OCR認識

・スケジュール照合

・来客者の確認

・社内ネットワーク連携

・待合テーブ提示

・会議室予約

図8-7　インタラクションシナリオ

るノウハウ、あらゆる環境をイメージしてシナリオを展開することをお勧めします。すなわち、最新のハードウェア、ソフトウェア、ヒューマンウェアを複合して目的のアクティビティシナリオを実現するインタラクションシナリオを展開すると考えてください。このようにするのは新しく魅力的なアクティビティシナリオの活動情動を既成概念にとらわれず体験設計の仕様へとつなげるためです。

なお、体験設計ではシーンビジョン起点でアクティビティシナリオからの対応もありましたが、タスクビジョン起点の体験レベルでも対応が可能です。下位レベル、すなわちタスクオリエンテッドの操作・作業・手順の改善のための体験づくりではタスク分析によるインタラクションシナリオのアイデア展開からのスタートも十分に新たな体験設計ができます。

ここでの選択のための評価基準は再度、そのシナリオの本質的要求の達成度やビジネスの提供方針、社会の将来展望との適応性をチェックした上で、新規性と魅力性による「満足」、そして「効果」を確認します。さらにここでの評価の観点は「効率」が加わります。いかに役に立つものであっても体験することが面倒であったり、難しかったり、理屈っぽかったりしたのでは受け入れてもらえないとともに、永く社会に定着させることが難しくなるからです。

8-7　体験の実態化

インタラクションの評価はシナリオの読み合わせだけで済ませず、是非、プロトタイピングを行うことを勧めます。特にDXやIoTに関わるインタラクションシナリオではGUI（Graphical User Interface）の簡易のプロトタイプやマイコンキットによる素早く簡単に制作可能なプロトタイプを使用することでより精度の高い評価が可能です。GUIのプロトタイピングではパワーポイントやPDFを利用して制作する方法もありますが、最近ではAdobe XDやMonacaといったGUIインタラクションの体験をスピーディに制作できるアプリケーションもあるので、これらを活用してはどうでしょうか。これらのアプリケーションは本格的なGUI開発のためのものですが、体験設計のシナリオ評価に簡易的なグラフィックスとして利用することも可能です。また、スイッチやセンサー、GUI、動きのアクチュエーター、光や音を駆使したマイコン制御のプロトタイピングを簡単、スピーディにつくるツールとしてはArduino、Mesh、HOTMOCKなどがありますが、中でもHOTMOCKは機能検証に使うだけでなく、体験設計のインタラクションの評価物を効率よくつくれる上、プログラムスキルや回路設計技術のない人でもDX体験をつくれるという意味で大変便利です。

もちろん、こうした評価用と思われているプロトタイピングツールはシナリオの試行錯誤を行う上でも有効な手段となります。

この例題では試行錯誤と検証評価のため、ストーリーボードでの体験ジャーニーを視覚化しました（図8-8）。次に提案物をイメージしやすくするため、3Dデータによる立体イメージのラフデザインを試みました（図8-9）。これで大分インタラクションシナリオを理解し、評価しやすくなりました。しかし、このシナリオを実際の体験した結果が最も精度のある評価と考え、HOTMOCKによるフィジカルな体験ラピッドプロトタイピングを行いました（図8-10）。制作は市販の既成LCDとセンサー、デジタルカメラ部品、ステップモーターを集めてHOTMOCKに接続。構造や外装は子供たちが遊んだレゴや科学キット、発泡スチロールのドームなどで賄い、丸１日かけてつくりました。完成したプロトタイプはダーティモックですが、受付ロボットとの一連のやり取りは体験できました。評価は上々で例題としては多くの人に説明できるものとなったことがうれしい経験になりました。

図8-8　視覚化されたストーリーボード

図8-9　視覚化された3Dシミュレーション

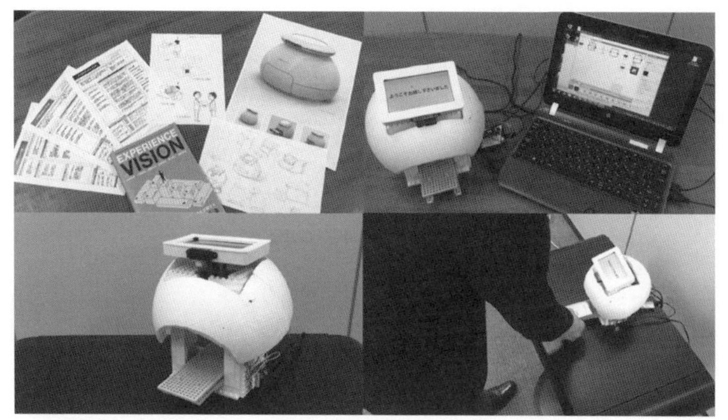

図8-10　HOTMOCKを使った体験のラピッドプロトタイピング

以上が「受付おもてなし」をテーマにした体験設計の構造化シナリオとプロトタイピングによる視覚化の例題です。本来のプロジェクトでは、この後により精度のある評価を行い、イントロステップのシナリオを展開し、提案、採択、機能設計、実施設計へと進み、体験実装のプロセスを踏んで社会へ提案されます。その間、多くの人の関与と努力があると思います。

Chapter 9
体験実装のための9ヵ条

体験実装とは創り上げた体験設計を実体化して、市場や社会に導入し、顧客・ユーザーが経験することを表します。体験設計の実践プロセスにおいて、イントロステップのシナリオを体験設計の最後に加えることとは異なります。体験設計を終え、機能設計を終え、実施設計から製品・システム・サービスを現実に新たな体験として提供し、ブランディングにより社会に認知されるまでに配慮しなければならないことがあります。これを社会実装するための注目すべき９つの要件にまとめました。

1. **原型育成（Growth Prototype）**
   体験設計で生まれた新たな価値を育てること
2. **価値印象（Value Identify）**
   経験価値とそのイメージの同一化を図ること
3. **知財防御（Patent Protect）**
   知財権の取得はビジネス促進の鉾ではなく、守るための盾であること
4. **規制挑戦（Regal Challenge）**
   新たな規制の枠組みへの挑戦の文脈を考えること
5. **価値価格（Value Price）**
   新たな価値にサスティナブルな価格を定めること
6. **信頼起動（Trust Build）**
   代理経験からの信頼の発散と信用の継続が鍵となること
7. **多彩投資（Various Fund）**
   多彩な投資分担の協創をして利益分配をすること
8. **共益接続（Benefit Connect）**
   経験価値を共有の利益で接続する新たな価値交換創りをすること
9. **信念維持（Faith Keep）**
   大事なのは新たな体験を社会実装する信念を持ち続けること

以上の体験実装の要件について詳しく説明します。

9-1　原型育成〈Growth Prototype〉

これまでにない経験を獲得した顧客やユーザーは、どんなに期待に応えていると思えていても納得するものではないと考えてください。人はいつでも経験を獲得した瞬間から更なる欲求を抱くものです（図9-1）。これに対処する方法はありません。ですから、提供者としては完璧と思っていても、顧客やユーザーにとっては「価値評価プロトタイプ（原型）」が提示されていると、提供者自身が認識すべきです。原型である以上改善は必須です。

体験設計によって生まれた製品・システム・サービスは「完全な商品」として提供者は社会へ紹介したいというのは当然の考えではありますが、新しい体験を提案する上で、「完全な商品」が本当につくれるかということも疑問です。いくら調査し、つくり込んだとしても、やはり社内のプロジェクトメンバーや連携する組織内の限られた範囲での評価でしかありません。それを考えると製品の最初の社会導入の時点では完成度にかかわらず、認められる最低限の提案でスタートすることが体験を根づかせる上では最善かと思います。さらに提供側の考えで体験設計が完成していますので、提供者の思い入れからのプロダクトアウトになりがちです。提供をはじめてからは顧客・ユーザーやステークホルダーが存在することになりますので、共創の精神を発揮してマーケットインしていくように心がけたいものです。

また、顧客やユーザーはその体験にすぐには気づかないこともあります。たと

図9-1　原型育成の概念

え気づいたとしても、初めて接触した体験は違和感から様々な意見や批判が飛び出します。対価を支払って獲得した体験から発する評価の中には大変重要な改善のための要素が含まれています。ここは「完成品を納得して買ってください」という姿勢ではなく、顧客、ユーザー、ステークホルダーに新しい体験の共創の素材を提供する感覚で商品を販売することをお勧めします。こうすることで、本当の意味での体験のつくり込みが可能となります。そして、このような意識で展開すると、体験をつくり込みながら市場を育てていく共創精神を顧客・ユーザーと共有していくことになります。

加えて、体験レベルにより受け入れられ方が異なります。タスクレベルではあまり抵抗感がない場合もありますが、シーンレベルでは現状との違和感からなじませるのに時間を要する場合もあります。最も厄介なのはジョブレベルで、初めは顕在化したユーザーさえ存在しない場合もあります。どのレベルでも、これまでにないコンセプトは拒まれやすく、顧客・ユーザーに価値の正しい評価をしてもらえないことも多々あります。体験レベルに合わせた対応を前提とする提供を始めることを勧めます。

実際には、アプリケーションやウェブサイトなどはもともとこの考え方で、サービスを提供しながらバージョンアップを繰り返しています。最近では設備投資の必要な製品においても、技術革新により、この考え方が導入されつつあります。ある程度の数量を提供した後の改善製品の再提出を繰り返すことの頻度を早くする手法です。このことを考慮した投資の仕方も体験実装の導入期の投資計画では考えておくことが必要な時代となってきました。

9-2　価値印象〈Value Identify〉

体験実装のためのブランディングでは経験価値の意味を伝えて、共感を得ることで世界観が構築されます。当然、そこにはBrand Identity（BI）としての経験価値イメージと体験設計のファクトを一致させる意味での視覚表現の統一が不可欠となります。

まず行わなければならないのは、体験設計によって得られる経験価値のネーミングを行い、シンボル化することです。名前のない体験とその価値は、説明することも広めることも選定することもできません。さらにネーミングを視覚的なブランドとして、ロゴマークのデザインを行います。そして、経験価値を一言で表現できるキャッチフレーズとともに設けることになります。以上の要素がSNSを中心とした拡散を促すために、説明のコンテンツデザインを提供することになります。そこではこれまでにない新たな体験を提供する事業として、既存事業と両立か独立か、などの表現の関係性にも気をつけることになります。

もちろん、製品・システム・サービスの体験設計が実施設計されるとき、体験設計の展開では提供する様々な表現を統一することが大切です。「おもてなし」を例とすれば、道具のデザイン、作法のデザイン、段取のデザイン、設えのデザインを考案することになります。実際にSTARBUCKSでは提供するコーヒーカップのデザイン、商品を受け取るまでの手順、自由な形でのコーヒーを飲みながらのくつろぎ方、そして店全体の雰囲気とレイアウトのデザインなどが世界で統一されています。また、東京ディズニーランドのロゴマークからこのテーマパークでの経験価値が連想できますし、2人で走っているウォークマンのロゴは仲良くカップルで音楽を聴きながら過ごす経験価値を思い起こさせます。このように、経験価値を演出する実施段階での価値のブランディングの構築のための表現が経験価値の世界観につながります（図9-2）。

図9-2　価値のアイデンティファイ

9-3　知財防御　〈Patent Protect〉

体験設計によって生まれるこれまでにない経験価値は往々にして知財権の発生が多くなります。知財権とは特許権、意匠権、商標権、著作権です。この確保はその後のビジネスに大きな影響が出ますので、注意が必要です。まず、行う必要があるのが、類似な経験価値が既に他の知財となっていないかということです。体験設計で投資に値するのはこれまでにないこと、魅力的であることが条件ですから、他と全く同じ価値筋で、知財が押さえられている場合はこれにあたりません。すぐに潔く方向転換すべきです。逆に過去の知財やWEB情報の多くを調査し、考案した価値筋のシナリオとその体験がどこにも類似するものがない場合は速やかに権利化をお勧めします。その目的は、もし真剣に考案した体験設計を社会実装していこうとするとき、知財権を取得せず実施した場合、模倣された類似の製品・システム・サービスにより、提供しようとする経験価値がゆがめられて、本来の価値が損なわれてしまうことがあるからです。これにより素晴らしいアイデアの体験設計も意図するプロトタイプとして社会実装されず、健全に育成されることなく、ビジネスの成長が拒まれることになります（図9-3）。

図9-3　知財権で防御

また、知財権を取得せずに公開した場合には第三者（海外を含め）に先願され、その体験設計による事業を断念せざるを得ない状況も起こり得るのです。

こうした結果を未然に防ぐため、体験設計の価値筋に関わる知財権は製品・システム・サービスの公表前に必ず申請すべきです。技術的に確たる裏づけのないコンセプト段階でも広報物を制作して営業する場合や事業の広報のためのWeb、プレスリリース、セミナー、展示会などメディアへの発表前には必ず知財の権利化を確認し、取得申請してから実践することをお勧めします。

権利化にあたっては、コンセプトの権利化が可能であれば、その価値筋となる概念を大きく捉えて出願します。また、機能・構造の権利化が可能であれば出願します。概念も機能・構造も、これはまだ難しい場合でも体験設計の価値筋として意味ある形状を意匠登録や部分意匠登録をします。製品・システム・サービスの"もの"に関わる意匠登録と特許による権利化です。次にサービスに関する価値筋ではビジネスモデルに関わる特許を検討しましょう。さらに、ブランディングの独自表現としてロゴマークの商標登録は忘れずに行いましょう。

国際的な枠組みでのビジネスを計画する場合には国際間での知財権の紛争は起きやすく、厄介なものとなるため、事前のPCT（Patent Cooperation Treaty）出願をしておくことが必要です。PCTは相手国に出願する権利を取得するもので、実際にはビジネスを展開する各国ごとに知財権を取得する必要があるため、高額な出費となります。これも踏まえた知財計画を立てることになります。

9-4　規制挑戦〈Regal Challenge〉

体験設計の開発はビジョンを掲げて、うれしい経験価値を創り出すのが目的ですから、これまでに行ったことのない体験が導き出されるケースが多々あります。これらはともすると各種の規制にギリギリとなるグレーゾーンの提案や規制がまだなく、判断に困る提案となることもあります。体験設計の成果はモノが認可物の範囲になかったり、サービス行為が許認可の枠にないものだったりすることが生じる可能性もあります。さらに、業界ごとの自主規制や企業のコンプライアンスなどとの関わりで、これらへの配慮が必要な体験実装となることもあります。

また、最近では体験設計の内容に対するセキュリティや肖像権や著作権との関わりにも注意が必要です。このように考案される体験設計を社会実装するにあたり、法令などへの準拠（コンプライアンス）は当然なのですが、既存の法律、条例、規制は過去の事象に対して作られた枠組みのものですから、これらの法律、条例、規制は新たな時代に創り出される技術や考案の後を追いかけてくることになります。当然、これまでにない経験価値を体験設計によって創り出せば、過去の枠組みをはみ出すものが出て来ておかしくありません。この場合、規制に準じてすべてをあきらめてしまうのは未来に向けての発展のために好ましくないと思います。

例えば、GoogleやAmazonなども、これまで規制のなかった領域に新たな技術革新で展開し、良きにつけ悪しきにつけ、新たな規制を生む原動力となっています。そこで、体験設計の評価において効率、効果、満足のある提案ではこれまでの規制の枠組みでは厳しい場合には革新していくプロセスを考え、少しずつの提案を繰り返していくことも考える必要があります（図9-4）。この場合、健全な体験設計の提案であることがもちろん条件ですが。

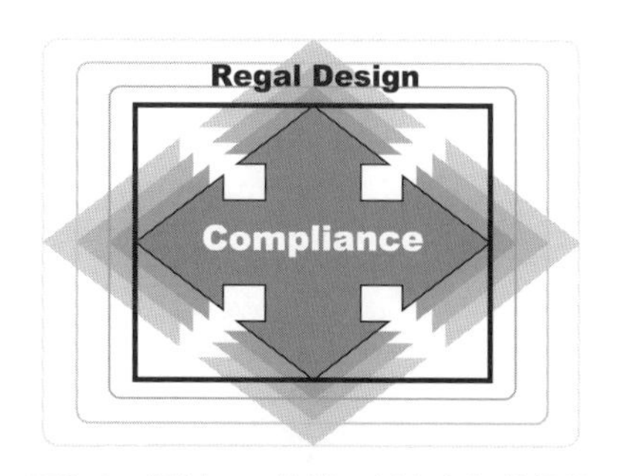

図9-4　規制への挑戦で新たな価値提供

体験設計によって生まれる新しい考え

方の変化は既成の枠組みを超える提案となることを恐れず、文脈を考えた既存の条件を踏まえた半歩先のグレーゾーンに挑戦することになります。

9-5　価値価格　〈Value Price〉

体験設計で生まれた価値に対して顧客やユーザーに提供する価格設定は価値交換の観点から重要な意味があります。価格のベースとなるは製造原価、開発費、販売・販促費、そして利益が挙げられますが、一般的に実施設計を行った開発者である造り手はコストの積み上げで価格を考えがちです。また、顧客やユーザーに価格の話をすると、どんなに価値あるものでも、できるだけ安価で手に入れたいと思うものです。特にこれまでに類のないものであれば、比べることができないため、わずかな価値交換で多大な価値を得ようとするものです。しかし、こうした顧客やユーザーに届けようとする流通チャネルやサービスの一端を担う共益者（体験実装によって提供の利益を分かち合うステークホルダー）はより高い額で、数多く届けられる価値を提供したいと思うものです。この3者の思惑のバランスが取れたところを見つけることが価値価格のポイントとなります（図9-5）。そして、この価値価格は体験設計レベルで当然の差があります。TaskやSceneのレベルでは既存に近似した価値が存在することが多く、市場原理に従う価値評価を受けることになります。既存の価値とどれだけ異なるか、置き換えられるかがそのヒントです。しかし、これまでにないようなJobレベルの経験価値を提供するときは提供側や顧客・ユーザーの評価もさることながら、この経験価値でビジネスを広範に広げていこうとする共益者の価値評価が最も影響します。共益者、すなわち流通チャネルやOEM供給先、投資家などが利益を得ることができる価値価格を想定していくことになります。

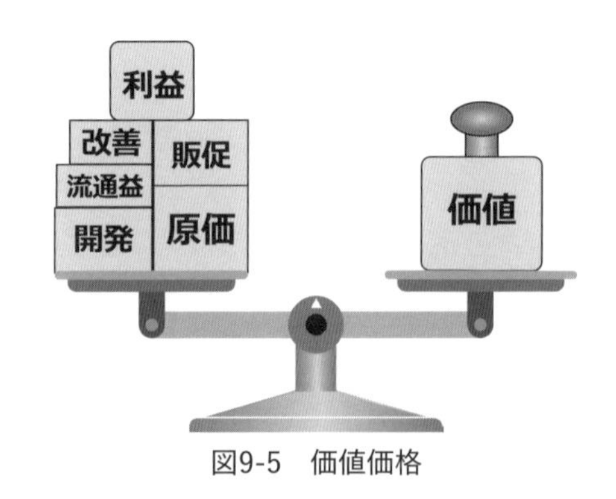

図9-5　価値価格

さらに、体験設計では商品化の後も共創による原型育成が原則となっていますから、提供開始後も育成のための投資が必要で、その費用も事前に価値価格に反映しておく必要があります。

これを見込んでおくことは原型を育てる条件となります。

こうして様々なバランスを考慮して、やっと定めた価値価格ですが、一度、設定した価値価格を下げることは可能ですが、「ちょっと安すぎた」と提供スタート後に後悔しても、これをさらに上げることは、価値印象や信頼起動の観点からかなり難しくなります。このことを肝に銘じて取り組むべきです。

9-6　信頼起動　〈Trust Build〉

革新的な製品・システム・サービスの導入を世界観づくりにつなげるには信頼を獲得することから始めることは間違いはありません。初めてのモノやコトの存在は顧客やユーザーにその信頼が得られず、苦労することが多々あります。ということは、新しい経験価値をもたらす体験設計における信頼の設計とはどのようなものかを次の順で考えてみます。

① 信頼のスタートアップとは

② 代理経験の情報

③ Broard SNS活用

④ 信頼から信用へ、そして普遍

① 信頼のスタートアップとは

まず、信頼起動には、体験設計で見つけられた顧客・ユーザーの本質的欲求に即した好奇心、強い願望があることが前提です。また、最初に信頼する対象となるのはあくまでも人の行為、すなわち経験についてであり、決して物や人物そのものではないと言えます。そして、人は信頼に足るものかを確かめるためにはすべての行為を経験したいと思っています。しかし、彼らの行為に対して持つ知識の正確さや経験するタイミングや実行する勇気が整って初めて体験できるので、これができるのはほんのわずかです。ですから、人がすべてを体験して、すべてを信頼するのは人の認知の限界を超えています。さらに人は願望を実現する上で自らそのことを考えたり、行ったりしないで済むように、容易なショートカットを望むものです。こうした願望が信頼という概念を持ち込むことになるのです。ですから、新たな体験に対して好奇心や強い願望を持った先行者にアプローチして、提案をこの先行者の行為体験として、共感を得ることから信頼のスタートが始まります。

② 代理経験の情報

この共感する先行者の存在が大きな役割を果たします。すなわち、人は価値観が近似していると思われる人の行為、言動からの**代理経験（Proxy Experience）の情報**を得ることで信頼へとつなげるのです。

エベレット・M・ロジャーズが『イノベーション普及学』[12] という著書の中で1962年に提唱したイノベーター理論では、世の中に新しい製品やサービスを普及させるためには、市場自体を大きくするための戦略が必要であると、市場への普及率をベースにしたマーケティング理論を展開しています。イノベーター理論では市場の成長に伴って普及率は高まりますが、この顧客やユーザーへの普及の過程を５つの層に分類して、それを基にマーケティング戦略、市場のライフサイクルについて検討することを推奨しています。

まず、最初に製品・サービスを採用する**イノベーター**（革新者、約2.5%）という層がいます。イノベーターは情報感度が高く、新しいものを積極的に導入する好奇心を持った層です。「新しい」ということに価値を感じて、市場にまだ普及していない、コストが高い製品やサービスであっても、そのユーザーの価値観に合致したモノであれば支えてくれます。

次が、これから普及するかもしれない製品・サービスにいち早く目をつけて、利用するユーザー層のことを**アーリーアダプター**（初期採用者、約13.5%）と呼びます。アーリーアダプターは世間や業界のトレンドに敏感で、常にアンテナを高く張って情報を判断し、これから流行りそうなものを採用するので、世間や業界のオピニオンリーダーやインフルエンサー（影響者）になりやすい層です。アーリーアダプターはこの後の層に対する影響力も大きく、５つの層の中でもアーリーアダプターへの代理経験の情報の提供は特に重要だと思われます（図9-6）。

その後は情報感度は比較的高いものの、新しい製品やサービスの採用に慎重な**アーリーマジョリティ**（前期追随者、約34%）という層が占めていると言われています。アーリーマジョリティはアーリーアダプターの意見に大きく影響を受けるので、アーリーマジョリティを開拓するためにはアーリーアダプターに代理経験を情報として発信してもらい、製品・サービスの経

図9-6　代理経験の情報

験価値がきちんと説明できなければなりません。

その他、新しい製品やサービスについては消極的で、なかなか導入しないのが**レイトマジョリティ**（後期追随者、約34%）です。そして、最後に残るのが**ラガード**（遅滞者、市場の約16%）という層で、市場の中で最も保守的です。

このイノベーター理論の各層のうち、体験してもらう際に「誰」から最初に代理経験した情報を得るかは大変重要であり、体験のイントロステップを効果的に実施できるのはどの層でしょうか。確かにイノベーターを狙うのも間違いではありませんが、イノベーターはアプローチしなくても情報の発信次第で反応します。やはり、その中核となる層はアーリーアダプターであると思います。信頼されているアーリーアダプターが心地よく経験した様子や経験したコメントなどを代理経験の情報として発信すれば、新たな経験の不安や懐疑心に満ちた状況から抜け出すこととなり、多くの人に信頼を与えられます。そして、その後のレイトマジョリティへ市場を広げていくことができます。

③ Broad SNS活用

代理経験の情報は様々なメディアを通して拡散することになります。一般的にはテレビ、ラジオ、新聞、雑誌、展示会などを使うことになりますが、これらは代理経験をした先行者がそれぞれで発信するものではなく、提供者が自ら発信する広告タイプのメディアですので、代理経験情報の発信には向いていません。代理経験の情報の広範な拡散ではSNSを使ったインフルエンサー（世間に大きい影響力を与える行動が行える人物）によるところは大きいと思われます。そのために、自らのホームページだけでなく、Twitter , Facebook , Line 、ブログへの展開と Press releaseによるニュース性を活用したPR（Public Relation）発信も大切です。また、代理経験の情報量が多く、複雑な体験では積極的な発信として、Zoom、Webex、Clubhouseを活用したWebinarの実施も効果をもたらすケースがあります。この場合、代理経験の情報に気づいてもらう方法として、独自のメールマガジンやダイレクトメールによる方法もありますが、「Peatix」「こくちーず」などのような、SNS上で特定のカテゴリーに反応するWebinar広報の手段を利用することも賢明です。

④ 信頼から信用へ、そして普遍

代理経験の情報からの信頼のスタートアップが成功したら、より多くの人の信頼を得ることで、信頼から信用へ継続させる長い旅を始めることになります。また、この旅は信頼のスタートから多くの時間を経過することで信頼が信用となります。世界観を創り出す信用が多くの時間を経て、多くの人から得るものであるということは、伝統を守りつつ、時間とともに変わる人の心や環境・文化に即応した体験を提供していくことでもあります。このことを繰り返すことが普遍を創り出すことになります。

老舗と言われるところは「信頼のスタートアップ」をしたまま、いまに至っているのではなく、時代や環境の変化に合わせて、人の心を捉える体験をいつも心掛けてここまで来ています。後退や失敗も多々あったと思いますが、変化を繰り返しているのです。とはいうものの、信用の獲得は多くの時間と労力が必要になるのに対して、誤った代理経験からの情報で信用を失うのは一瞬です。気をつけたいものです。

9-7　多彩投資　〈Various Fund〉

体験設計による革新的な開発ではこれまでにないリソースが必要となり、開発資金、設備資金、人材資金、協業資金、販促資金などに現行ビジネスからの流用がなかなか難しいことが多々あります。このため、体験実装では新規投資が前提となるケースが多くなります。未知の経験価値への投資のリスクを軽減させるため、様々な資金調達の方法を駆使することが必要になります。国内では資金の調達には金融機関からの融資が一般的ですが、これは未来を担保にした借金です。

本来であれば、完成する体験設計の提供の評価からの投資家による資金調達を望むべきところですが、国内ではこれはかなり困難です。となると、次に当てにするのが国や地方自治体からの補助金です。これは様々なタイプの制度が毎年用意され、イノベーションの覚醒を応援しています。これを有効活用して、体験実装を実現することは大きな可能性を秘めています。補助金の申請は体験設計の将来の社会展望を実現することを訴えかけることで、その時代の革新的な開発への支援を受けることができますので、体験設計の社会実装には大変有効な資金調達と言えます。その他、最近はWEBサービスとして広がっているクラウドファンディングによる資金調達があります。これはB to C（Business to Consumer）の一般顧客をターゲットにした資金調達に向いていますが、B to B（Business to Business）が全く有効でないということもありませんが、期待はできません。ただ、体験設計の成果の価値評価ではクラウドファンディングは有効です。

なお、投資は金銭だけに限ることはないと思います。デザイン的思考で述べたように、これからのビジネスは「仲間」が大切です。新たに考案された体験設計では自社だけでは実現できないリソースが必要な場合があります。しかも、製造能力や販売能力など、それが金銭ではなかなか手に入らないこともあります。このようなとき協業者との協創により提供の段階にたどりつき、さらに共益者となる協業者による販売拡大を行うことになれば、これもいわゆる投資となります（図9-7）。この場合、共益者が投資家となりますが、その間ではお互いに損をしない利害に関する契約を事前に交わして、調整しておくことが必要です。

図9-7　多様な投資形態

9-8　共益接続　〈Benefit Connect〉

新たな体験設計で提供する経験価値がサスティナブルに価値交換できることが社会へそれを実装する鍵となります。

新たな価値交換のスタートアップでは信頼を起動させることが最も重要となりますが、それを得ての価値交換は工夫が必要です。これには直接的価値交換と間接的価値交換があることは3-2-8項「仕掛を考える」で述べました。

直接的価値交換では販売チャネルに注力することになります。自社独自の物販体制をつくり、サービス拠点を設置するような自力更生のやり方がありますが、これには大きな投資と人材が必要となるので、簡単に新たな取り組みで行うことは多くの場合困難です。そこで、一般的に行われるのが、近似価値の流通チャネルへのアプローチということになります。業種・業界の流通を活用して、これまでにはないけれど少しカテゴリーが似ているターゲットユーザーや顧客層が近似したところに販売を試みるものです。そこでは、その業界の主幹となる流通チャネルでの取り扱いを試みることになり、いかに近似の価格で、いかに新しい価値であるかという矛盾を解きながら広報することになります。ときには主流通の主力価値の代替価値として、半歩先の提案としてアプローチすることにもなるので、厳しい販売競争へと入り込むことにもなります。

対して、間接的価値交換ではその仕掛けづくりがまさに価値交換の成果を左右します。経験価値を持続可能にする仕掛けの主従のつなぎ手がうまく連携して、利益を循環させることができれば、末端の顧客やユーザーが意識することなく価値を享受し、仕掛けに加わる共益者も恩恵を被ることができれば、最適な価値交換と言えます（図9-8）。例えば、体験設計によって生まれた新価値を大きなシェアを持つ製造販売企業や寡占化しているサービス実施企業へ現行ビジネスに付加する形で提携することがこれにあたります。言わば、既存の主流企業の持つ提供価値をアップするためのOEM（Original Equipment Manufacturer）による価値交換となるのです。

図9-8　最適な価値接続と価値交換

9-9　信念維持　〈Faith Keep〉

これまで述べたとおり、体験設計から機能設計、実施設計を経て製品化、そして商品化へと進むわけですが、どこかで壁に阻まれ、挫折するケースもありますが、これらを乗り越えて商品化して社会実装の段階に来たら、これまで進めてきたことをあきらめず貫くことが最も大切なこととなります。そこではこのプロジェクトの初心を忘れず、体験設計コンセプトを再度、明確化して継続する決心をすることになります。

レッドオーシャン戦略における一般ビジネスでは３年程度での利益回収が求められます。しかし、これまでにない新たな経験価値を提供するビジョン構築による体験設計では、それほど早く利益が立ち上がることは望めません。もちろん体験設計のレベルによって、その受け入れられるまでの時間は異なりますが、既に比較できる経験を持つ提案に対して、全く経験したことのない価値を認識してもらえるまでにはそれなりの時間を要します。代理経験情報の発信を繰り返し行い信頼を築く期間が必要で、この間は新たな体験を啓蒙し、広報投資による知名度アップを行うことになります。また、完成度という点では原型育成のための顧客・ユーザーとの共創期間となります。この期間をブルーゾーンと名づけ、早く

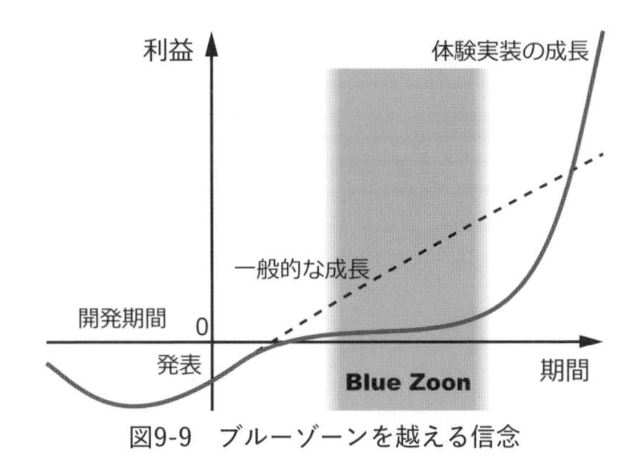

図9-9　ブルーゾーンを越える信念

て５年程度を経てからの利益回収のスタートとなるので、長期化の覚悟が必要かと思います（図9-9）。なお、この長期化を避ける方法はありませんが、代理経験の情報発信を利用した活発な信頼起動や新たな価値交換を駆使した共益接続の強化で、顧客・ユーザーに行動変容を促すことができれば、大いにその期間を短縮する可能性はあります。

これまで国内産業は海外から「稚魚」を買い入れ、育て、「成魚」として提供するビジネスが多く、しかも「手段」ベースの技術依存度の強いものが多いように思います。ですが、これからは体験設計によって「稚魚」を生むところから始めることになり、さらに「目的（意味）」ベースからの社会実装となるため、ブルーゾーンがあることは当然と言えます。原型を生み製品へ、そして商品まで育て上げる決意が問われます。

Chapter 10
体験設計マネージメント

体験設計を取り入れた経営を考えるとき、尊敬するドラッカーの言葉が頼りになります。彼の著書『マネージメント』[31)]で「我々の事業の目的は何か、顧客の創造と利潤を生むことはその手段の一部である」と唱えています。ビジネスのマネージメントを分かりやすく人の体に例えると、「人は食べるために生きているのではなく、人は掴もうとする目的のために食べることが必要なのである」と言えます。体験設計のマネージメントを行う上でもその目的が大切になります。

体験設計の実践ではそのプロセスにおいて実施すべきことを述べましたが、これらを実施してビジネスを魅力的で新しいものとする「うれしい革新」づくりのマネージメントでは企業や組織がプロジェクトに関わる目的を定めることと、その根底にある体験設計の理念に対する理解を深めることが不可欠です。

社会環境の革新を踏まえた「七方良しの体験設計」の実践では、より良い未来へ向かうために社会全体が求めているところは何かを明らかにしていくことになります。

10-1　体験設計に求められる経営

ビジネスを変える「うれしい革新」づくりでは体験設計によるこれまでにない魅力的な製品・システム・サービスの仕様構築への取り組みが始まっています。日々の業務に追われているとどうしても現在の延長としての未来しか考えられず、その展望に疑問を持っていたとしても流されてしまうことは多々あります。とはいえ、いきなり新しい文脈の方向に進み出るにも、勇気も出ず、仲間もいませんからなかなかそこへ踏み出すのは難しいのが現状です。そのため、日ごろからビジネスの上流工程の開発に挑戦する体制づくりに取り組むことを勧めます。現在のビジネスは過去の革新の連続の中から生まれていると考え、この連続を絶やさないために挑んでいく組織づくりが重要となります（図10-1）。この組織のつくり方は各社の構成の仕方が異なりますので、一概に示すことはできませんが、次のようなことに気を付けて組み立てるのがよいのではないでしょうか。

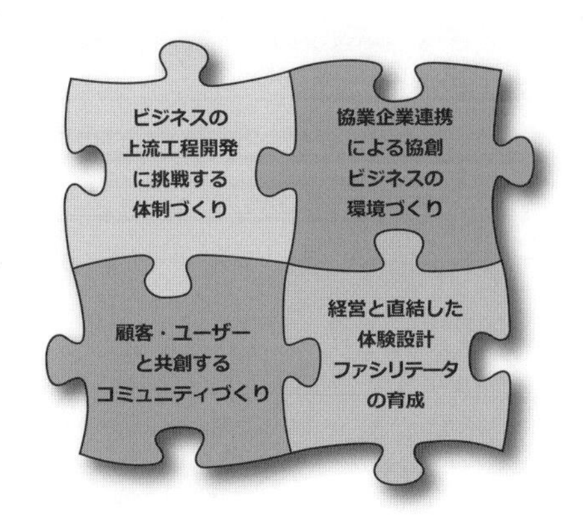

図10-1　体験設計マネージメントの取り組み

日常の業務を俯瞰で見ることのできる場づくりをしましょう。そこに集うのは企画やマーケティングだけの偏った人材とならないよう多様な職能や知識を持つ人で構成します。できれば、世代やジェンダーも多様である方が好ましく、チームにはリーダーだけでなく、ファシリテーションできるメンバーがいることが好ましいでしょう。

そしてこのメンバーによって体験についての調査・解析と積極的なプロトタイピングを可能にする体制を取り、決定的な提案を一度出すより、何度も繰り返されるアジャイルな提案のできる環境が望ましいと言えます。ここからの提案のすべてがすぐにビジネスになるとは考えず、これからの研究開発・技術開発テーマの方向性の抽出だと考える余裕も必要です。体験設計を推進する枠組みを組織内に構築するにあたって、2つの重要な役割を持つ人たちがいます。まず一つは経営者や新規事業を推進する管理者（マネージャー）に体験設計の知識と理解があることです。彼らにはデザイン思考やUXの実践ビジネス版である体験設計が経営の未来のために良い役割を果たすことを理解してもらわなくてはなりません。もう一つは本当の実践者として、社内外との協創と、顧客やユーザーとの共創を具体的なリーダーシップのもとにファシリテーション（体験設計の促進）する人材です。この役を担う人材がこれから特に重要となります。説明してきたように体験設計はビジョン構築から、体験を創り、社会実装するまでの壮大なプロジェクトノウハウですから、その知識と実践経験による推進者がいるといないとではプロジェクト進行の効率が大きく変わります。また、このファシリテータは知識を習得したらできるというものではなく、業界や技術内容、商習慣などにより、オリジナルの体験設計にアレンジしていくことが求められるため、実践やワークショップを通して、これに対する創造力も磨いていかなければなりません。

以上のような組織内に「構想」と「実行」を分離させない労働をつくり出す体制づくりや環境づくりに加えて、人材開発も進めていくことが望ましいと考えます。

組織内にこうした体制や環境が生まれたら、次は外とのつながりです。体験設計によって生まれる計画は概ね、１社だけのリソースで成立することは難しい時代となっています。各分野での専門性の高い技術や知識が存在し、既存の市場との兼ね合いや市場融合のためのノウハウの必要性が求められたり、業種、業界、官民の壁を越えて対応したり、さらには資金調達と運営手法など、大手企業でもなかなか難しくなっています。ここで必要となるのが協業による体験設計の協創です。一般的な協業ではライバルとなる関係での協業は難しいと思われます。とはいえ、まったく付き合いのない業界と付き合い始めることも難しく、大手の傘下でオープンイノベーションの名のもとに集められて、大手企業が仕切るという構図が一般的となります。しかし、体験設計は業種、業界、市場を問いません。顧客やユーザーの魅力的で新しい体験を実現するために行われるので、このために集うことはニュートラルなオープンイノベーションとなるのではないかと考えます（図10-2)。後に紹介する体験設計支援コンソーシアムはこれらを促進させるための団体です。

組織の外とのつながりは協創相手だけではありません。本質的要求を提供してくれたり、プロトタイプの検証評価をしてくれたり、最終的には製品・システ

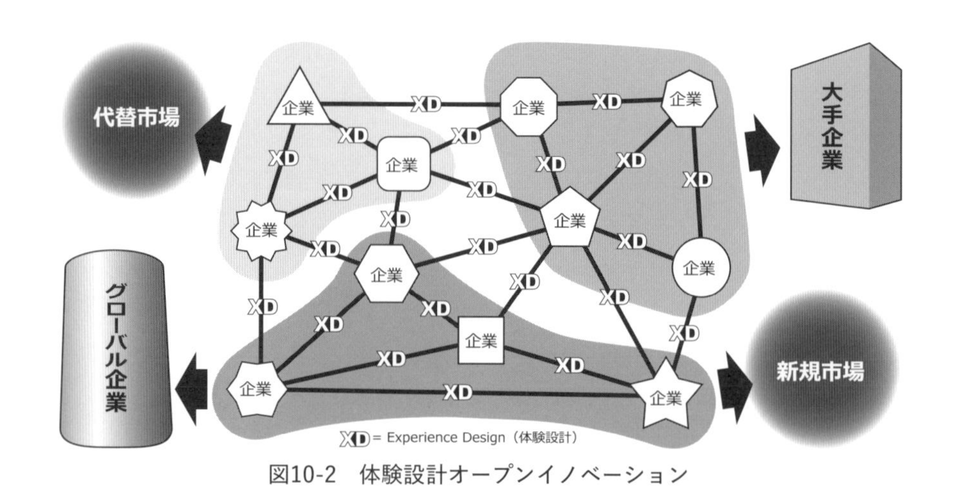

図10-2　体験設計オープンイノベーション

ム・サービスを受け入れてくれる顧客・ユーザーとの共創があります。経営する組織が常に顧客・ユーザーとの接点を持つことのできるコミュニティづくりが必要になります。大手企業では既に「・・ユーザー会」や「・・友の会」という形で、顧客・ユーザーとの接点を常時維持しているところもあります。多くの企業が体制を維持し続けることはできませんし、固定した顧客、ユーザーを維持し続けることも意味はありません。そのため、体験設計を推進するために顧客・ユーザーと都度の共創ができるコミュニティづくりの仕組みを持つことをお勧めします。活用できるパネル（ユーザーの登録リストを保有）を持つことやSNSを活用した意見交換の場などがその例ではないでしょうか。

以上のように体験設計の経営ではこれまでとは違う形のところに力点を置く必要が出てきます。そして、最終的に体験設計でどのような方向に向かうのかをチームだけでなく社内で共有することが大切になります。

10-2　体験設計が目指す理念

いま、国の繁栄を表す指標としてモノが造れる量であるGDP（国内総生産）がありますが、現在のこの国は低成長、国際競争力低下、人口減少、貧富格差拡大、少子高齢化となる状況下ではGDPは豊かさと幸せを表す尺度としての意味を失い、GDPのような経済の指標だけでは評価が成り立たないことが明らかになってきています。

現代日本を経済的な意味で山口周氏の唱える高原社会[51]だとすると、すべての人が幸せを感じるためには自助だけではない、共助、公助のある共生する社会の実現の具体的な策が必要です。そして、これは精神論だけで実現するものでなく、企業・組織や個人が具体的に実践できる方法が必要となります。それがここまで述べてきた体験設計です。

体験設計を実践できる組織体制や企業環境ができたとき、持続可能な企業経営を支えるということから体験設計の役割と意味について考えたいと思います。

人の進化は「道具」を手にするところから始まり、人と交わることで思想、宗教、学問という「教育（学び）」が進化していきました。そして、次に進化をもたらしたのは「空間」の支配です。大空間、天空にそびえる塔、都市、そして空から宇宙へと広がっています。「道具」、「教育」、「空間」と人は進化を続けていますが、いままさに人が「時間」をコントロールして未来の体験を創造しようとしていることに気づきます。過去と過去が創った現在との調和を受け入れ、未来は私たちが創造するものです。ですから、未来に多くの時間を持つ人が、過去に多くの時間を使った人と協調して、未来を創るべきなのです。この時間軸を踏まえた創造行為を担うのが体験設計の役割なのです。

また、ここで述べる体験設計がめざす理念の意味は、各企業が独自に持つ企業理念という意味ではなく、体験設計を行うために持たなければならない目標と捉えてください。すなわち、素晴らしい体験設計の実現が目指すところは何かということです。

10-2-1 「ひと」「もの」「こと」「そと」のための体験設計

体験設計による製品・システム・サービスのビジネス開発を行う上での意味を考えるとき、体験設計の対象と条件がどこにあるかを再度、述べることにします。

まずはDXから思い浮かぶコンピュータ、組込機器、センサー、通信機、ロボット、ドローンなどの**ハードウェア**が挙げられます。次に、インターネット、通信網やエネルギーシステムといったインフラストラクチュア、OS、プログラム、アプリケーションやこれらを活用したクラウド、AI、Fintech、ファブリケーションまでを含んだ**ソフトウェア**が挙げられます。さらに、従来からの担い手の行為やその連携とそれらに付随する肉体や感情の制御についての教育や規範となる指示などの**ヒューマンウェア**があります。ヒューマンウェアは人の教育や行動のマニュアル化、行為のガイドラインといったことによって形づくられています。こうした条件の存在を通して体験設計は実現されていきます。さらに、これらの基盤となる社会システムとしての法律や制度、地域や文化、宇宙や自然環境なども体験設計の考慮すべきこととなります。総じて言うとヒューマンウェアの「**ひと**」、ハードウェアで代表される「**もの**」、ソフトウェアなどを含めた「**こと**」、そして、それ以外の環境や文化など「ひと」「もの」「こと」では表しつくせない、それ以外のすべてを表す言葉として「**そと**」としています。言い換えれば、私たちが主観的な視野で対象とするのが「ひと」「もの」「こと」だとすると、「そと」は客観的な視野の対象であると言えます。「そと」を象徴するものとして挙げられるのが、過去の歴史と地球の営みである自然環境です。これらは未来を考えるとき人類のコントロールの外にあります。これは受け入れ、調和を創り出す対象となります。そして、「そと」は主体が何かによってもその定義は変わってくると思いますが、いずれにしても「そと」は体験設計を実現する上では大きな存在となります。こうした「ひと」「もの」「こと」「そと」の対象と条件にうまく折り合いをつけて体験を設計することが新たな魅力的な価値を実現することにつながるのです。

すなわち、体験設計を行って、実現する経験価値のすべてに望まれるのは、これらの「ひと」「もの」「こと」「そと」のどれが勝るでも劣るでもなく、すべてがバランスよく思いやりを持って調和し、サスティナブルな行為や経験につながることであり、これにより私たちはうれしい生活と素晴らしい社会を創ることになるのです。

この目指すべき状態のことを私の携わってきたデザインビジネスでは1996年から「ひと」「もの」「こと」「そと」の**優合**（優しく優れた適合）・**Interfit**（インターフィット）と名づけて、体験設計が目指す理念（Idee）として提唱してきました。これまでに2005年に出版した『デザインと感性』[44] でもこれについて解説しています。

10-2-2　体験設計が目指す優合（Interfit）

現代人は日々の生活と競争に追われて、みるみる大切な時間を失っている実感があるのではないでしょうか。時の流れは速く、やるべきことの多すぎる現代人が失った時間を取り戻すには、時間を上手に使うことのできる未来の体験を創造していくことが大切になります。かと言って単に効果と効率だけを求めるのではなく、その創造は「ひと」「もの」「こと」「そと」の互いへの優しさがあり、それぞれの間で優れた適合を見つけ出すこと、すなわち優合（Interfit）で有意義な時間へと変えていくことがより良い未来となることにつながります（図10-3）。

また、優合（Interfit）は「ひと」「もの」「こと」「そと」の間に必要なだけでなく、「ひと」と「ひと」、「もの」と「もの」、「こと」と「こと」、「そと」と「そと」同士の間でも重要な理念となります。多様な人々、例えばジェンダーや人種・民族が異なる人、国や地域の異なる人、思想や宗教の異なる人、そして肉体的に異なる人がお互いを理解し、協調して、共感・共存できる「ひと」と「ひと」のInterfitな関係になるように体験を設計していくことも必要です。

そして「もの」は人工物による文明の進展を続けていますが、これからもより

図10-3　優合（Interfit）の概念

一層その進化は止まらないでしょう。その結果として、「もの」と「もの」が結ばれ、また、つながれることも起こります。自然界では「もの」と「もの」の関わりが地球の自然をつくり上げて、調和を生んでいます。人がつくる人工物である「もの」も、それ同士のバランスと融通性を持った存在となるようにInterfitな体験設計がなされることが望まれます。人工知能によるAI化が進む中でシンギュラリティ（技術的特異点）を超えた後の未来が心配されていますが、「もの」に対するInterfit な体験の設計感を持ち続けることでその不安を回避していけるのではないでしょうか。

また、文化や風俗習慣の異なる「こと」やプロトコルやルールの異なる「こと」、価値観の異なる「こと」など、様々な「こと」も体験設計を実施する上では協調し、協創できるInterfitな関係に調整していくことが大切です。

しかし、どんなに大きく、力のある企業が体験設計を取り組んでも、社会環境までの変革には至らないのではないかという懸念が湧くと思います。だからと言って政治や行政が行えばできるのかということになります。ましてや国際的なこととなるとソーシャルデザインの考え方をもってしてもかなり難しいのではないかと思います。ゆえに各企業や組織が体験設計に取り組み、それぞれが社会実装することで、優合したより良い経験価値を各所で持続可能なビジネスとして広げることになる訳です。これを例えれば、小さなレゴのパーツで組み上げられていく、望まれる造形物となることを表しているのではないでしょうか。体験実装されたビジネスは社会環境全体に大きな影響をもたらし、ある意味で「ひと」「もの」「こと」「そと」が優合したInterfit Worldを創り出せると信じます。

10-2-3　優合主義（Interfitism）について

客観的視野である「そと」に観方を転じてみると、大きな話に感じられる人類についてのことが身近にもなります。あるとき、「人類は地球を滅ぼさないように環境保全に気を付けよう!」と言ったラジオパーソナリティーがいました。これは間違いです。この言葉は人類の”おごり”を象徴しています。当たり前のことですが、正しくは「人類が滅びないように地球の環境保全に気遣おう!」です。人類がいなくなっても母なるその姿を変えたとしても、永遠とは言えないかもしれませんが、これまでの歴史があるように地球は存在し続けます。

人類は文明の発達と文化の醸成により、社会の仕組みや構成を時代とそれを取り巻く環境とともに変化し、これに合わせて社会のルールも変える必要が出てきています。未来に向けた人類の成長は過去の経験から学ぶべきところはもちろんありますが、その事実にこだわるのではなく、人類としてこれから何を行うかを考えるべきです。

現代の社会に覆いかぶさっている資本主義、社会主義、共産主義といった人間中心で経済中心の考え方を経済主義（Economism）とするならば、現在の人類は経済主義に戯れる我が儘な子供に例えられます。そろそろ生物多様性を理解し、地球で生きるための新たな理念を持って、「そと」に対して思いやりのある、調和のとれた生き方をする大人になるべきです。さもなければ、地球は恐竜より短い一生を人類に与えるでしょう。そして、いまや経済主義は専制主義を生み、民主主義の理念を実現する民主主義のルールは本来の姿とは程遠くなっています。こうした経済主義の破綻から抜け出すためには、人々が科学技術と経済優先の枠組みの中だけでいまの課題を解決して、未来を築こうとする主観的視野の「ひと」「もの」「こと」だけで考えるのではなく、客観的視野の対象である「そと」を共に考える優合主義が望まれるのです。

経済主義が競争原理に基づいた有形資産の獲得による物の豊かさを求める考え方だとすると、優合主義は協調原理に基づいた無形資産である心の豊かさを求める考え方です。もちろん、経済主義を否定しているのではありません。経済主義と優合主義の持続可能な両立を望んでいるのです。このことを車の運転に例えるなら、経済主義はアクセル、優合主義はブレーキとギアシフトではないでしょうか。これまで私たちは車のアクセルを踏み続けて、エンジン〈地球環境〉から擬音〈人口爆発と水食糧難〉が鳴り、煙り〈地球温暖化〉が上がって、車体全体が振動〈自然災害と地域紛争〉を始めている車に乗っているのではないかと思います。このままアクセルを踏み続けてよいでしょうか。そろそろアクセルを緩め、ブレーキとギアシフトを使って安定走行に移る必要があるのではないかと思います。

経済主義の中で生きていながら未来をより良い方向に変えるためには優しく優れた適合、すなわちInterfitな体験を創り出す優合主義との両立を考えるべきなのです。

優合主義は人類が他の生物と共存して、この地球と宇宙の中で生き続けるための成長を考えることをもたらします。民族や国家、そして文化という境の中で多くを優合させていくことの重要性を知るべきです。お互いを知り、理解して優合させることは互いのリスペクト（尊敬）を育むことになります。この理念は人と人だけに当てはまるものではなく、「ひと」「もの」「こと」「そと」の相互の関わりの中にも存在します。体験設計はこの優合主義を具体的に実行するための設計論として、その考え方が広く理解されると信じます。

なお、ここでは紙幅の関係で、優合についてはここまでに止めますが、機会があれば、更なる考えを述べたいと思います。

Chapter 11
体験設計の実践を支援する活動

11-1　体験設計実践のための支援組織設立の背景

国内では第二次世界大戦後の護送船団方式の経済対策で、多くの業界で国際競争力のある大企業を目指す政策が取られ、この国の産業経済を大きく発展させました。しかし、1973年の第1次オイルショックを機に、安定経済を経て、バブル崩壊後のゼロ成長、少子高齢化時代、人口減少時代に突入となりました。多くの企業は国際競争力を失い、国内のサービス産業化へと進んでいきました。こうした時代背景では、前述したような人・物・金による大型資本による産業振興だけでは立ちいかず、情報・仲間・ひらめきを前面に押し出した取り組みがどの大手企業にもどの中小企業にも平等にそのチャンスをもたらすことになってきています。特に革新的な変化を必要としている多くの産業界ではこれまでのような取り組みとは異なる戦略が不可欠と感じているはずです。中でも国内企業の9割を占めるものづくりやサービスづくりの中小企業は、大手企業からの受注業務を生業とした下請けビジネスが多くを占めています。これまで彼らはその体質から、単独のリソースでの市場参入は難しい上、下請け企業間は時には仲間意識の欠如したライバル関係となるため、その希薄なコミュニケーションから協業してのビジネスの構築はなかなか難しいのが現実でした。

また、中小企業は開発力・生産力・販売力の分離による総合性が欠如していること、調査・研究体制を独自で保有することが難しいこと、人材確保や広報活動の難しさや国際競争力への対応の難しさなど課題は山積な上に、経営者にとっては思っているビジョンと資金力の不一致が大きく壁になっています。

しかし、革新的ビジネスではこれまでのビジネスとは条件が変わり、情報・仲間・ひらめきの時代となると、国内企業の9割を占める多様性のある中小企業の特性を生かして、それぞれの領域での高い専門性と技術力を活かせれば、国内産業の成長力の大きな原動力となることは間違いありません。しかも、中小企業は組織体制もシンプルなため、フットワークも軽く、変革しやすい企業体質を持ち、地域と密着した産業基盤となることから、やり方次第ではチャンスが生まれる可能性は大いにあると思います。

ところで、こうした取り組みの企業ビジネスを支援する活動は様々あり、産業界を牽引しています。例えば、大手企業の「看板」を支えるための大手企業傘下の集い、車、電機、ソフトウェア、組込機器業界などが業界の発展のための業種・業界の集い、システムエンジニア、デザイナー、機械設計者、医師・看護師などのスキルのための職能・職種の集い、ロボット、人工知能、BIO、宇宙、人間中心設計などの研究テーマに基づく学術研究の集い、そして経営的・金融的視点からのパートナー企業連携のためのビジネスマッチングの集いなどがそれです。

ところがこうした集いの取り組みは高度成長下での情報交換の場としては関係者全体の底上げにはなってきましたが、個々の中小企業にとってはもう少し有効な集いがあればと望まれているのではないでしょうか。例えば、集いの仲間がビジネスのライバルではなく、仲間になれるような場であったり、互いのないものを補い合う異種のエキスパートの出会いの場であったり、将来のビジネス展開を目的とした協業の可能性を促す場があればと思っているはずです。

そこですべての人に関わりのある体験設計を軸とした集いとして、すべての職種による体験設計の研究を推進し、それぞれの業種・業界・職能の持つ技術とノウハウの情報を共有して、あらゆる業種・業界・組織での体験設計の実践を行えるように支援することが必要になってきました。

11-2　具体的な体験設計支援の活動

具体的にはものづくりやサービスづくりのための体験設計ツールや手法をすべての人が使いこなせるように民主化したり、1企業ではどうにもならないイノベーションの取り組みを企業協業による協創でできるような仕組みを準備したり、顧客やユーザーとの共創による開発と市場づくりを支援したり、体験設計のための企業連携の場を提供するための公益的な団体の活動が必要です。こうした活動を行うため、体験設計支援コンソーシアム・CXDS（Consortium for eXperience Design Support）が設立されました（図11-1）。

大きな組織の国際企業では既にUX、HCD、Vision designの言葉の元にこれに関わる組織が作られ、人材が集められて、体験設計による事業化が進められています。これは既に多くの国際企業でUX人材の採用が進められて国際社会の潮流となっているというのも影響しています。

それに反して、本来、この国で古くからあった考え方である体験設計にもかかわらず、国内の中小企業ではこれへの対応の遅れが目立っています。そうした状況下でCXDSは2016年に任意団体として活動をスタートし、2019年に法人化することでより活発な展開となってきています。

現在の主な事業は次のようになります。

1. 体験設計の思考や手法を広く伝え、多くの企業や組織での体験設計の実践を啓蒙するための体験設計フォーラム、セミナー、ワークショップを開催して、理念の浸透とツールや手法の指導を行っています。また、会員企業合同展示会なども開催して多くの企業の参画を促しています。
2. 優れた体験設計によって得られた成果やその効果の波及の事例を認証し、事例を通して体験設計を理解してもらい、この設計方法論の普及を推進する体験設計認証・CXD（Certified eXperience Design）を設け、2019年度10事例、2020年度は5事例の認証を紹介しています。
3. 体験設計で大きな役割を持つプロトタイピングに着目して、他の団体や興味を同じくする多くの人々と議論し、その有効な活用方法を社会へ展開するための研究を体験設計プロトタイプ研究会で行っています。その成果を体験設

図11-1　CXDSの事業展開

計の実践企業に反映させようとしています。

4. 多くの企業や組織がビジネスの現場で体験設計を実践しやすくする環境づくりの支援をしています。特に体験設計のマネージメントにおいて率先してプロジェクトを推進できる体験設計リーダーや他のメンバーに指導できる人材の育成を推進する体験設計ファシリテータのための教育支援を行っています。
5. 企業間で独自の革新的なリソースを互いに協業連携し、体験設計による新たな挑戦のための協創を促進する体験設計協創サロンを開催しています。この協創によって生まれる成果は社会や新市場へのビジネス化提案とし、異業種、異職能、領域拡張、技術融合を期待する企業のための体験設計オープンイノベーションとして提案していく活動です。

その他、組込みシステム技術協会、かながわデザイン機構など、各種団体との連携を深めることにより、境界領域を持たない体験設計のメリットを生かした活動ができると考えています。

11-3　体験設計認証 事例紹介

まだ、事業が始まって間もないですが、これまでに認証された体験設計の事例を紹介します（表11-1、11-2）。

表11-1、11-2に示した事例は体験設計認証の基準に則り、申請の中から審査選定、認証された事例を提供企業の承諾を得て公表しています。なお、2021年度からは広く一般のビジネスの中から優れた体験設計の事例を探し、推薦認証の制度を設けて紹介して行きます。

CXDSウェブサイト　URL　https://www.cxds.jp

表11-1　2019年度に認証された事例

部門	名称（開発者）	概　要	
テーマ	**iLUTon** (㈱イージーディフェンス)	PCの情報セキュリティを近距離通信で守り、勤怠管理等にも役立つPCの使用履歴を取得するシステムでPCとユーザーの原点管理を行う体験設計。	
テーマ	**Drip Navi** (㈱トライテック)	患者への自然滴下点滴を監視し、看護業務の安全と効率を担保する輸液管理の自動制御ロボットがこれからの看護体験を変えるIoTシステム。	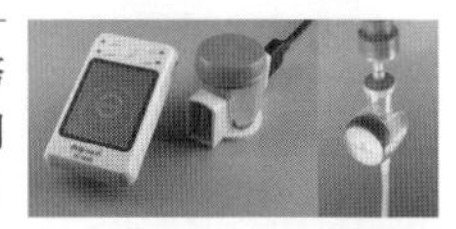
テーマ	**みまわり伝書鳩** (ITbookテクノロジー㈱)	農業や建設の屋外現場で遠隔監視する各種センサー、カメラ等で測定した様々なデータをカスタム表示可能なサイネージで新たなコミュニケーション体験を創り出すクラウドシステム。	
プロセス	**看護英語教育eラーニング** (アラヤ㈱)	英語対応可能な国内看護師を養成するための実践教材としての教科書、WEB自習教材による体験と学生の学習成果を教員が管理する体験を構築。	
プロセス	**KAIBER** (㈱ディープインサイト)	様々な組込機器へAI機能を搭載する高度な体験を構築するアプリケーションを備えたエンベッテッド・ディープラーニング・フレームワーク。	
インフラ	**虹色伝言板** (ITbookテクノロジー㈱)	PCからのあらゆるメッセージを迅速に7色のテロップで表示することでパブリックアドレスの新たな体験を創る屋外用文字表示装置とそのシステム。	
インフラ	**金剛黒体** (㈱ダイナコムウェア)	これからのデジタル表示デバイスを前提として、GUI体験を向上させる6ウェイト、100言語に対応したデジタルデバイス画面適応新書体シリーズ。	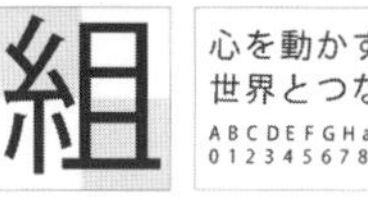
インフラ	**Storyboard** (㈱ユークエスト)	組込みシステムにおける画面デザインからシステム実装へとつなぐ体験を創り出すグラフィカルユーザーインタフェース開発のためのツール。	

	名称（開発者）	概要	
	HOTMOCK (㈱ホロンクリエイト)	DX、IoT 開発での体験設計プロトタイプをノンコード、ノンボードで実現し、評価検証するためのエクスペリエンス・ラピッド・プロトタイピングツール。	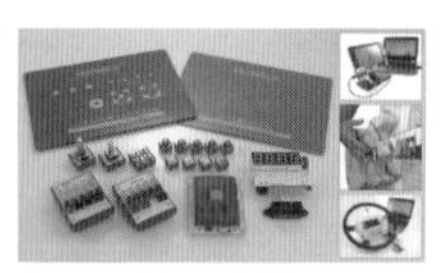
	Live Location System (㈱ソーシャルエリアネットワークス)	プライベートな低出力通信 LPWA を使用し、個人用カードでリアルタイム位置情報の提供により「者のインターネット」の体験を実現する IoT プラットフォームシステム。	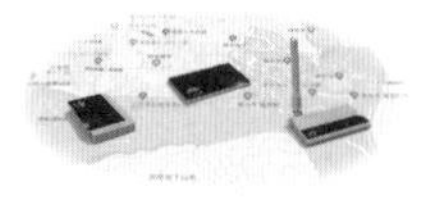

表11-2　2020年度に認証された事例

部門	名称（開発者）	概　要	
テーマ	**AIREHA** (㈱エルエーピー)	発病により拘縮した手足の苦しいリハビリを、楽しく、さらには嬉しいリハビリ体験に変える3種のリハビリロボットシリーズ。	 
プロセス	**Footfix** (㈱足道)	足からの未病を改善する柔道整復師や理学療法士の新たなビジネス体験として、誰でも足整板を作る整形システムとこれによる施術ノウハウを広く啓蒙する足整療法のコミュニティづくり。	
プロセス	**温調みつばち** (ITbook テクノロジー㈱)	農業者のユーザーとの共創を通して構築するハウス農法のための IoT システムを提供して、これまでの農業の生活様式を変える体験を提供。	
インフラ	**bambiD** (㈱バンビ)	複数の機器や人の ID を結び付けて情報を一元管理する ID 統合システムと位置情報管理システムにより、B to B における新たな体験を創ろうとする様々なパートナーとの協創ソリューションプラットフォーム。	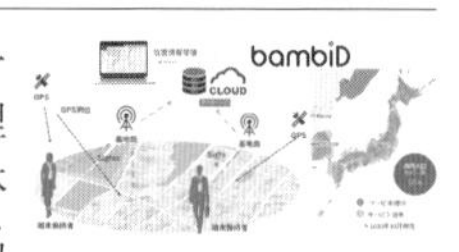
インフラ	**EM Quest VA** (㈱ユークエスト)	振動解析の結果を視覚化することで生まれる様々な分野の用途への活用が多くのユーザーに新たな体験の可能性を拡げた振動解析システム。	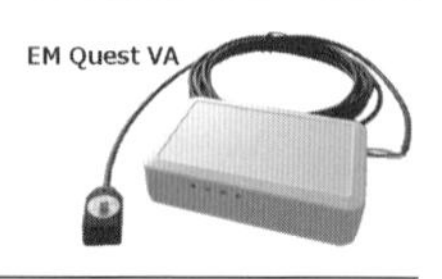

Chapter 12
実践事例の紹介

ここまでは考え方や実践方法などを例題を通して説明してきましたが、ここからはCXDSの体験設計認証事例の中から、体験レベルの異なる3事例についてそのビジネス開発のプロセスと成果を詳しく紹介します。

12-1 【Task Oriented Level】タスク起点の体験設計（図12-1）

■リハビリロボット「relegs」「rewrist」「rehands」～「AIREHA」

神奈川県では地域の主体性や地域産業の確立などを目指して、厚木市を中心とした神奈川県中央地域を将来、世界に通じる介護ロボット産業の研究開発拠点都市とすべく、新産業創出と地域経済活性化を目指して“介護ロボット研究開発拠点都市さがみ”を宣言し、ロボット研究開発拠点都市推進プロジェクト「チーム　アトム」がスタートしました。その中でも中心的存在として活動しているのが手指・手首・足首のリハビリ器具「パワーアシストシリーズ」を提供している株式会社エルエーピーです。

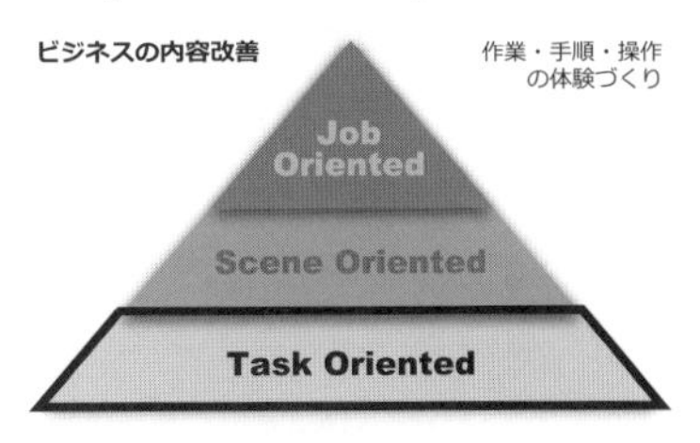

図12-1　タスクビジョン起点の体験設計

初期段階では手指のリハビリを空気圧利用で行うパワーアシストハンドの開発がなされ、評価を得ました。これに続き、地方独立研究法人神奈川県産業技術総合研究所KISTECの援助を得て、体験設計によるパワーアシストレッグの開発がスタートしました。紹介する実践事例はこの足首のリハビリを目的としたロボット開発です。

パワーアシストレッグは大学との共同研究により、足首リハビリの機能原型（図12-2）をすでに開発しており、そこからの体験設計による検討となりました。この段階での体験設計は機能も使用シーンもユーザーもある程度特定されていたので、レベルとしてはタスクビジョンを起点としたものでした。まず、機能原型を基にタスク分析を行いました。これに対して、あるべき姿としてのビジョンをタスクレベルでインタラクションシナリオとして抽出し、アイデアの起点（図12-3）としました。図12-4はこれに基づいて展開されたコンセプト提案です。この提案は受け入れられ、前進することになりましたが、既存製作物であるエアーベローズ（空気を動く力に変えるところ）を使用することが条件となりました。

これらの条件を踏まえて、患者や介護者にとってより良い体験となるプロトタイプを3Dプリンタを使ってつくり、臨床現場へ持ち込みました（図12-5）。厚木市内の比較的大きなリハビリテーションセンターでは、院長はじめ、ベテランの

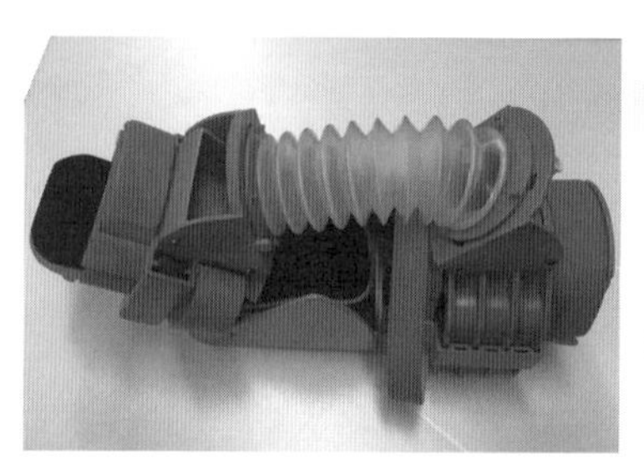

図12-2　パワーアシストレッグの機能原型

インタラクションシナリオ

テーマ	作成者	作成日
楽しいリハビリ	LAP北村	年　月　日

ペルソナの目標

速く普通に近い状態で歩くために、毎日、楽しくリハビリを続けたい。

ペルソナの名前と特徴

大川良太（65歳）
3か月前に仕事中に倒れて、右半身が動かなくなったが、毎日つらいリハビリを続けている。

タスク

1.主電源を入れる
2.前に座る
3.足をセットする。
4.アプリを立ち上げる
5.今日の目標を入れる
6.スタートボタンを押す
7.経過が表示される
8.終了ボタンを押す
9.今日の成果が表示される
10.明日の目標が出る。

インタラクションシナリオ

大川さんはまだ若い、リハビリを続けて元の生活に近い戻りたいと思っている。理学療法士さんに進められたAIREHAのrelegsのレンタルを始めた。何時ものように、決まった時間にrelegsの前の椅子に座った。動かない右足を左手で支えながらrelegsに入れる。利き手ではない左手でバンドを止めて固定完了。

iPadの専用アプリを立ち上げ、relegsとつながっていることを確かめる。昨日までに東海道五十三次の藤沢宿まで来ている。富士山と江の島の景色の画像が売っている。「さて、今日は茅ケ崎の烏帽子岩まで行けるかな。」と、スタートボタンを押した。その日の負荷の内容は理学療法士さんの指導でプリセットされているので、どこまでたどり着けるかわからないが、途中で景色のがぞが変わるのが楽しみで、続けてきている。

「今日はここまでです。」と案内の声とともにrelegsが止まった。
「残念、もう少しで烏帽子岩が見えたに！」思わず立とうとしたが、まだ外してなかった。ベルトを外すと、足が阿たたくなり、体も少しほてっていた。「京都につく頃には・・・」と思いつつ、電源を切り、片づけた。「明日もがばろう！」と思った。

仕様へのコメント

1.家庭で使えるサイズ
2. 持ち運べる重さ
3.足の簡単挿入
4.片手でのベルト着脱
5.足サイズ対応
6.静音のコンプレーサー
7.iPadなどとの接続
8.ブルートゥース
9.プロセスアプリ
10.リハビリ処方入力
11.全体重負荷への対応

図12-3　パワーアシストレッグのインタラクションシナリオ

理学療法士に使用してもらい意見を求めました。ところが、ここで大きな変更が発生しました。当初、私たちが想定していたシーンは患者がベッドに横たわってのシーンでしたが、このリハビリ具は完全に拘縮した初期の患者に使用することは難しいが、ある程度リハビリをしている人が継続的に使用するには大変効果的

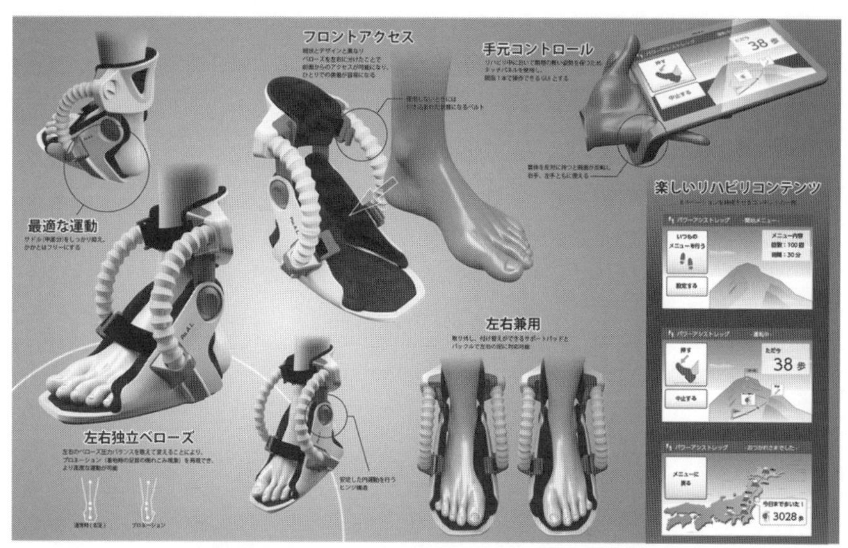

図12-4　パワーアシストレッグのコンセプト

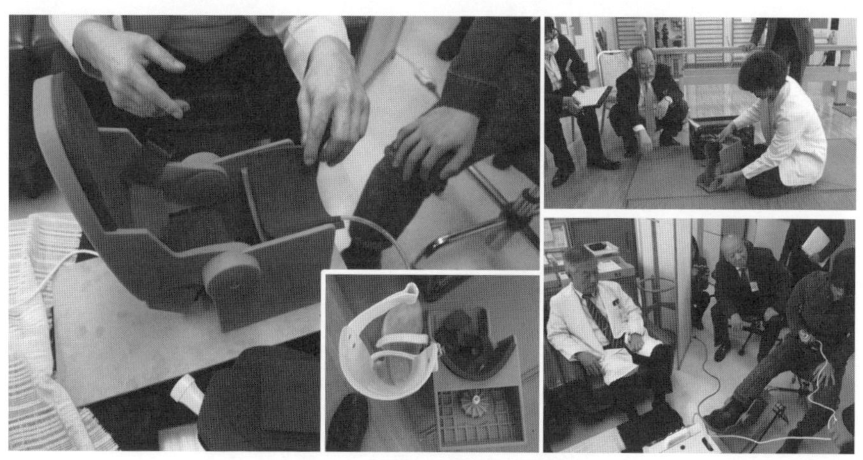

図12-5　臨床現場での検証

であるという意見に基づき、使い方が椅子に座っての使用シーンとなりました。このため、いくつかの変更点が発生し、体験設計の再構築となり、以下の項目が検討対象となりました。

① 使用対象ペルソナを継続治療のユーザーに設定
② 椅子に座っての使用シーンを前提
③ 足にセット時の容易さを求めてベローズを背後へ設置
④ ベローズ本来のストレートな使用法でないためのベローズ変形に対応
⑤ 患者の症状に合わせられる低屈、背屈のカスタマイズ移動
⑥ 回復してきたユーザーの不意の片足立ちに対する加重対策
⑦ 樹脂化の強度不安と金型投資や少量生産からの生産性を考慮した金属外装化
⑧ 拘縮の度合いに合わせた足の抵抗に対する底面部の固定による安定
⑨ 機材を汎用化するために左右差、サイズ差をインナーで対応
⑩ 関節軸の支点位置をクッション厚により適切に対応

以上を設計的・デザイン的にクリアして、最終プロトタイプとしてユーザー調査を行いましたが、その間、2回のプロトタイプ調査を行っています。販売にあたっては商標として「relegs」をブランドロゴとして設けて、その世界観を他の商品へと展開していきました。

同様に、大学との共同研究の進んでいた人工筋肉を使った手首のリハビリロボットが、㈱エルエーピーと取引きのあった企業から持ち込まれました。原型試作は拘縮したユーザーの使用には耐えられず、なかなか商品化は難しい原型でしたので、本来のタスク調査から始めました。その結果、新たな機構原理が必要となり、その開発から進められました。その際、初めに想定されていた人工筋肉は使わず、relegsに使用しているベローズを流用することで量産の投資リスクを軽減させました。

最終的には左右問題が発生しましたが、汎用性のある1機種で対応するため、表裏を返すことでこれに対処するデザインとなりました。商品名はシリーズ化を図り、「rewrist」としています。

その後、先行開発の手のリハビリについても開発が展開され、多くの機能を搭載して、運動のパターンを選択できるユーザーインタフェースを備えたものへと進化させています。こちらも商品名を「rehands」と名づけて再投入しています。さらにこれらのリハビリロボットの動力となる空気を供給する制御付きコンプレ

図12-6　AIREHAシリーズ

ッサーも各ロボットとの対応を考慮して開発しました。

ここで、これらすべてのシリーズの世界観を表すブランドとして、「AIREHA」を立ち上げて、シリーズでの展開を試みています（図12-6）。なお、「AIREHA」シリーズは2020年度の体験設計認証事例として認証されました。

12-2　【Scene Oriented Level】シーン起点の体験設計（図12-7）

■看護環境におけるIoT輸液監視ロボット「Drip Navi」～「Auto Klemme」へ

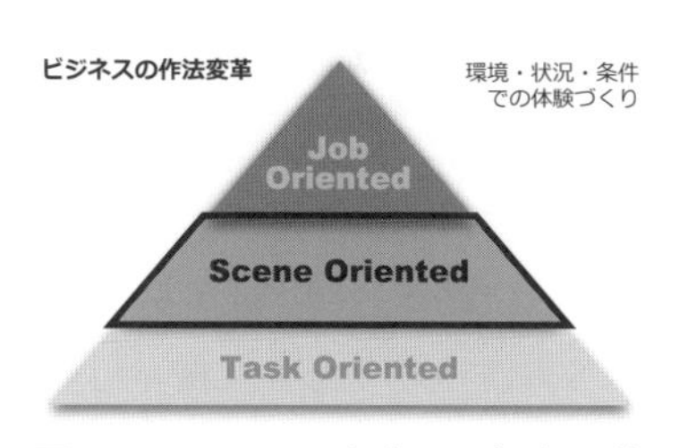

図12-7　シーンビジョン起点の体験設計

ハーネスなど車の電装部品の開発やテスト、生産を行う技術を持ちながら、医療業界の知識のある代表者のもと、病院の看護の現場で使用されている輸液ポンプやシリンジポンプの修理を主力ビジネスとする静岡県富士市に居を置く株式会社トライテックは、看護医療の未来デザインをビジネスとして取り組み、新たな商品開発で市場参入を試みています。

看護業務を取り巻く社会環境は、高齢化や感染症の蔓延に伴う患者の増加による人手不足、また医療技術の高度化に伴う処方、処置、投薬の複雑化が進んでいます。こうしたことから、患者へ直接注入される輸液（点滴）の管理は重要性を増しています（図12-8）。

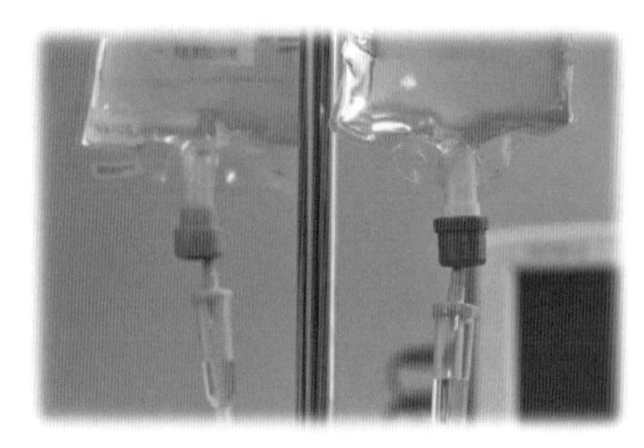

図12-8　輸液管理

点滴は患者の体内へ安全に直接投薬するため、点滴量と点滴時間にある程度の精度が必要です。また、入院患者への点滴頻度が多いことや、投薬に長い時間が費やされることなどから、そのスケジューリングに気を遣うこととなります。その上、投与時は閉塞、空液などの見守りによる患者一人ひとりの輸液管理が必要です。特に強制注入ではない自然滴下の輸液ではこれまで見守りは軽視されてきました。

このような状況下、様々な点滴の精度を向上させる機材が開発されていますが、看護現場では熟練の技として滴数をコントロールすることが一般的で、機器に頼る面倒な設定を行うことは避けられてきました。逆に、精度を求める抗がん剤などの投与では輸液ポンプを使用していますが、強制注入なため、皮下に薬液が強引に入ることで起こる事故が問題視されています。これらの現状から、看護師の処置の効率を助け、精度のある自然滴下を行う体験ができる看護機材が望まれるというビジョンを実現することとなりました。このプロジェクトでは看護環境の輸液というシーンが特定できますので、シーンオリエンテッドなシーンビジョン起点の体験設計を試みています（図12-9～12-11）。

プロジェクト設定ではテーマを「効率よく安心できる輸液」とし、ビジネスの提供方針は「看護業務改善のIoTシステム提案による新規製品市場の参入による安定した医療関連事業の構築」とし、オリジナルシステムのサービス販売による看護業務に革新をもたらしたいと考えました。そして、社会の将来展望は「高齢化と感染症患者の増加に伴う、看護環境の効率化と医療事故防止のための業務改善により、保険費用負担の軽減に貢献」できるのではないかという展望を持ちました。

以下に示すように輸液に関わる三方の本質的要求を抽出しました。

〈ユーザーである看護師〉

① 熟練者から初心者まで、安定した精度での輸液量設定をしたい。

② 感覚的な計測表示で感覚的なクレンメ操作がしたい。

③ 各患者の輸液進行状況の見える化をしたい。
④ 患者の輸液管理が容易にできるコンパクトな機材が欲しい。
⑤ 輸液業務でのスムースな引継ぎをしたい。

〈カスタマー（顧客）としての病院経営者、医師、医療機器技術者〉

① 抗がん剤等の高難易度の輸液は強制注入の輸液ポンプより、高精度の自然滴下でしたい。
② 多量の輸液ポンプの設置コスト削減と管理の負担を軽減したい。

〈ソーシャルとしての患者〉

① 閉塞や空液での警報音と光による周囲の患者への迷惑を軽減したい。
② 点滴の状況をいつも見ている安心感がほしい。
③ 在宅医療、介護環境での容易な輸液操作がしたい。

以下が上記の三方の本質的要求を満たすバリューシナリオ、アクティビティシナリオ、インタラクションシナリオです。

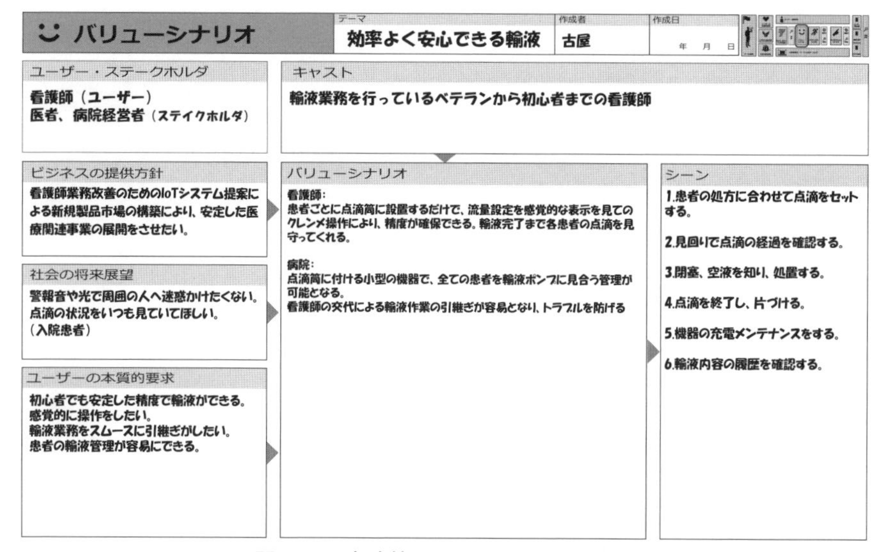

図12-9　点滴管理のバリューシナリオ

アクティビティシナリオ

テーマ：効率よく安心できる輸液　作成者：古屋　作成日：年　月　日

ペルソナの目標

正確で安全はもちろんのこと、効率よく輸液作業を進め、患者を不安にさせない仕事をしたい。

ペルソナの名前と特徴

古川和子（28歳）
看護歴6年、テキパキと看護の仕事をこなす、患者への心遣いのある中

シーン

1.患者の処方に合わせて点滴をセットする。

2.見回りで点滴の経過を確認する

3.閉塞、空液を知り、処置する。

4.点滴を終了し、片づける。

5.機器の充電メンテナンスをする。

6.輸液内容の履歴を確認する。

アクティビティシナリオ

古川さんは朝一番の点滴セットに505号室の高橋さんのところへ処方の輸液を持っていった。もちろんポケットにはあれは忘れない。

ハンガーに輸液セットを架けると、点滴筒にそれを付け、高橋さんの三方活栓にチューブをセットした。

それを使って輸液量と時間を入れ、画面の中の面白い動きに合わせて、クレンメを操作した。あっという間にOKマークが出て、セット完了。「高橋さん、1時間ほどですので、ね」と言って古川さんは病室を後にした。

夜勤の交代時間だけど、高橋さんの輸液を見ていてくれるお蔭で、引きつきも楽になり、点検は次の人にお任せした。

タスク

1.処方に合わせて輸液セットを用意

2.輸液セットを患者にセット

3.点滴筒にセットする

4. 表示をつなぐ

5. 投与量と時間を設定

6.画面を見て、クレンメ操作

7.流量OKを確認

図12-10　点滴管理のアクティビティシナリオ

インタラクションシナリオ

テーマ：効率よく安心できる輸液　作成者：古屋　作成日：年　月　日

ペルソナの目標

正確で安全なことはもちろんのこと、効率よく輸液作業を進め、患者を不安にさせない仕事をしたい。

ペルソナの名前と特徴

古川和子（28歳）
看護歴6年、テキパキと看護の仕事をこなす、患者への心遣いのある中堅看護師

タスク

1.処方に合わせて輸液セットを用意

2.輸液セットを患者にセット

3.点滴筒にセットする

4. 表示をつなぐ

5. 投与量と時間を設定

6.画面を見て、クレンメ操作

7.流量OKを確認

インタラクションシナリオ

古川さんはDrip Navi にReceiverを近づけ、ブルートゥースの接続をLEDの光で確認した。

輸液量と投与時間をセットし、その後タイマーをオンにした。

おもむろにクレンメを動かすとReceiverの画面の中の滴下のタイミングを表すアニメーションが出た。この面白い動きに合わせて、クレンメを操作した。あっという間にOKの「ニコちゃん」マークが出て、セット完了。

Drip Navi は滴下タイミングで正確に点滅している。
「高橋さん、1時間ほどですので、ね」と言って古川さんは病室を後にした。

夜勤の交代時間だけど、Drip Naviのお蔭で、引き継も楽になり、高橋さんの点検量はReceiverで分かるので、お任せした。

仕様へのコメント

1.ブルートゥース通信
2.ペアリング
3.滴下センサー
4.バッテリー駆動
5.投与計算
6.感覚的アニメーション
7.点滴中表示
8.点滴終了表示
9.途中経過表示
10.閉塞、空液通報

図12-11　点滴管理のインタラクションシナリオ

インタラクションシナリオの「仕様へのコメント」を受けて、プロトタイプを制作しました。プロトタイプは全体形状とGUIを含めた操作について注力して制作しました。第1次プロトタイプのユーザー評価を経て、第2次プロトタイプの制作が行われました（図12-12）。この第2次のプロトタイプは、東京医科歯科大学看護学科の学生に使ってもらって評価してもらいました。GUI操作についてはまずまずでしたが、機器形状と活用の意味については評価が分かれるところとなりました。その結果を受けての、大きな変更となりました。

製品化のコンセプトの見直しが行われ、設定部分（Controller）とセンシング部分（Drip Navi）の分離を決断しました（図12-13）。通信を使用して、接続する設定機器と点滴プローブセンサを分離した経緯は、今後のコントロール監視がアプリケーション化し、スマートフォンでも可能となることを考慮したもので、これらを合わせてシステム全体の特許を取得しています（図12-14）。

センサー部「Drip Navi」を独立させたことで、輸液に関わる病院内のIoTシステムの導入に着手する展開となりました。Drip Navi を院内LANと接続し、ナースステーションでの、また看護師のスマートフォンからの監視が可能となる方向へと進めることとなったのです。

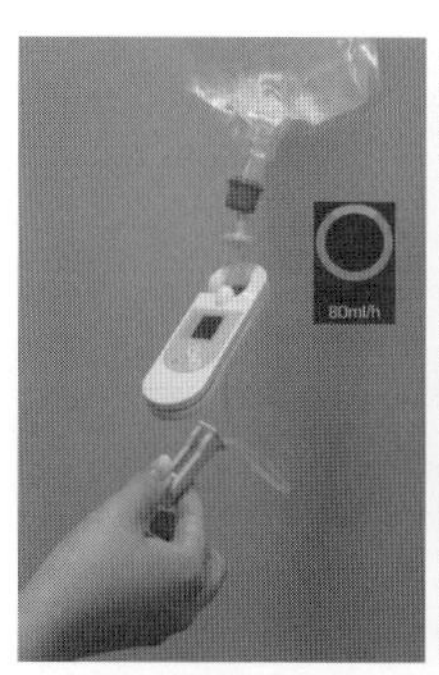

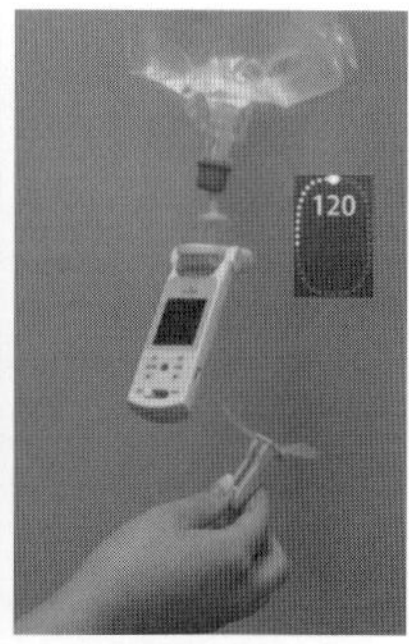

図12-12　プロトタイプ

点滴監視 **Drip Navi**

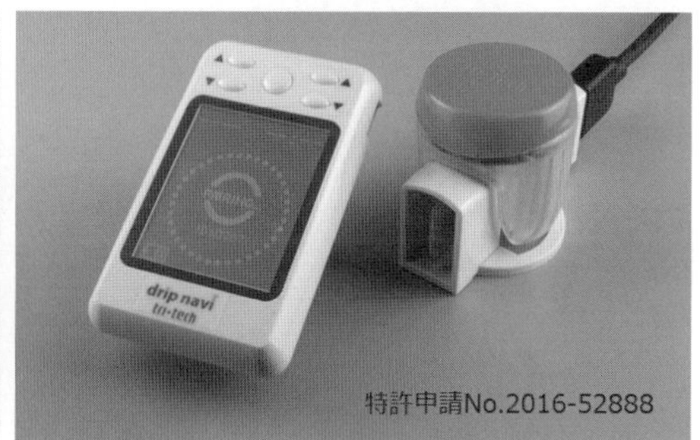

Drip Navi 充電機と**Receiver**

図12-13　Drip Navi

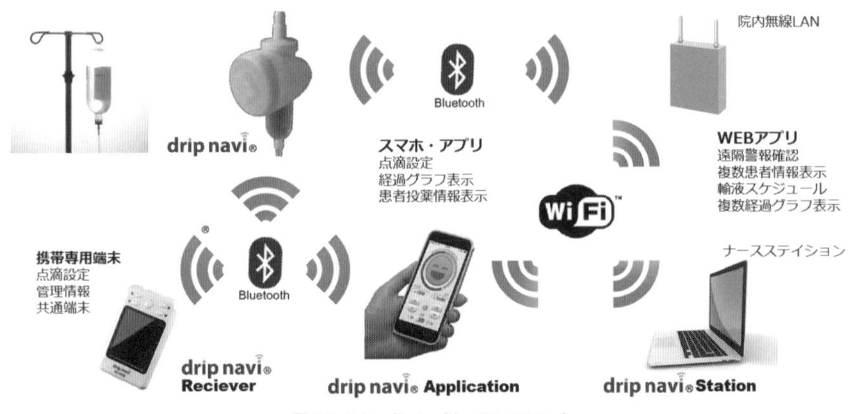

図12-14　Drip Naviシステム

その後、このDrip Naviは補助金を活用して数百セットのプロトタイプを生産し、協力してもらえる病院に配布し、その評価を取りました。概ね好調で、特に点滴状況をDrip NaviのLEDの光の色で予定より早い、遅い、丁度いいということが、看護師の巡回時に遠目で確認できることが大変役に立っているという評価を得ました。一方、出来れば状況が分かるだけでなく、自動でクレンメを制御し、適正な点滴量に調整してもらえると更に効率と精度が上がるという評価も頂き、今後の課題となりました。

■体験設計によるIoT輸液システムのDX化は次のロボット化のステージへ

Drip Naviでの多くの臨床評価から、輸液のIoT化は次のステージへ進むこととなりました。このステージでは多くの要望のあったセンシング状況からのクレンメの自動制御を行い、ナースステーションの監視端末との交信を試みることとなりました（図12-15）。

具体的にはクレンメの代わりにチューブに装着した機器がチューブを絞り、滴下量をDrip Naviのセンシング量の設定に合わせて自動で制御するロボット「オートクレンメ」を開発することです。オートクレンメは輸液量をコントロールするため、医療器の認可が必要となります。強制注入の輸液ポンプのレギュレーションは存在しますが、この自然滴下の自動制御のレギュレーションは存在しないため、新たな挑戦となります。

また、院内LANを踏まえたロボット制御による輸液IoTシステムを構築するこ

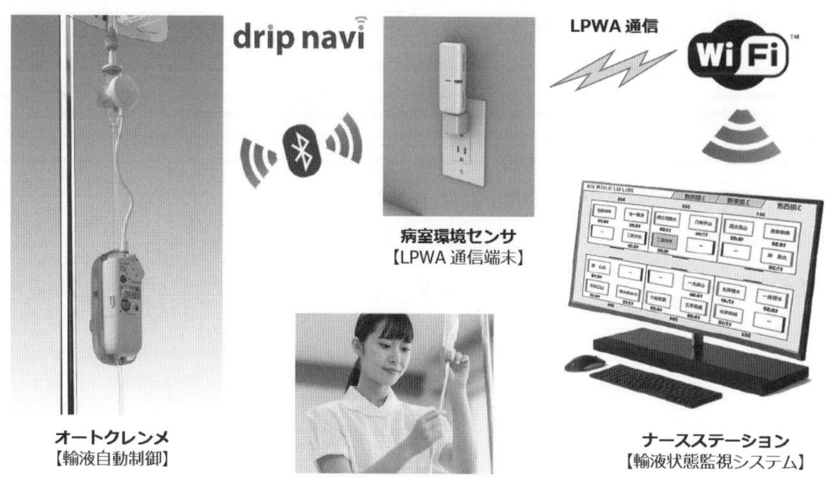

図12-15　輸液の自動監視制御

ととなりますが、どこの病院も既にある通信に他のシステムを乗り入れるのはなかなか難しいことが分かり、そのため新たな手段としてLPWAの通信システムを取り入れることで実現することになりました。このLPWAのシステムはCXDSメンバーの株式会社ソーシャルエリアネットワークスの環境センサーに内蔵されたゲートウェイを介しての通信となり、体験設計の協創の成果と言えます。これにより病院環境への実装が現実的なものとなっています。これらの開発によるIoT&ロボットシステムがもたらす今後期待される五方良しの体験設計の評価が以下となります。

〈看護師（ユーザーエクスペリエンス)〉

① ナースステーションでの一括患者管理

② 自然滴下での輸液の効率化と精度向上

③ 重いポンプ機材搬送の減少

〈医師・病院（カスタマーエクスペリエンス)〉

① 輸液自動制御による看護体制の改善

② 抗がん剤などの輸液の安全性確保

③ 輸液ポンプの購入コスト削減

〈患者・家族（ソーシャルエクスペリエンス)〉

① 点滴自動制御による患者安心感

② 警報音からの解放による快適な患者環境

〈企業雇用者（エンプロイエクスペリエンス）〉

① 現場との交流で看護業務への今後のIoTによる貢献

② 新市場開拓の雇用環境の充実

〈開発企業（プロデュースエクスペリエンス）〉

① 自然滴下の輸液システム市場の構築と参入

② 医療機器メーカーとして新市場のリーダー化

12-3 【Job Oriented Level】ジョブ起点の体験設計

■足整療法によるフットヘルスの体験設計「Footfix」

足整療法という聞きなれない治療方法についての話です。足からの健康づくりと治療に永年携わってきた柔道整復師の渡邊英一氏が提唱する手技からこの体験設計は始まります。

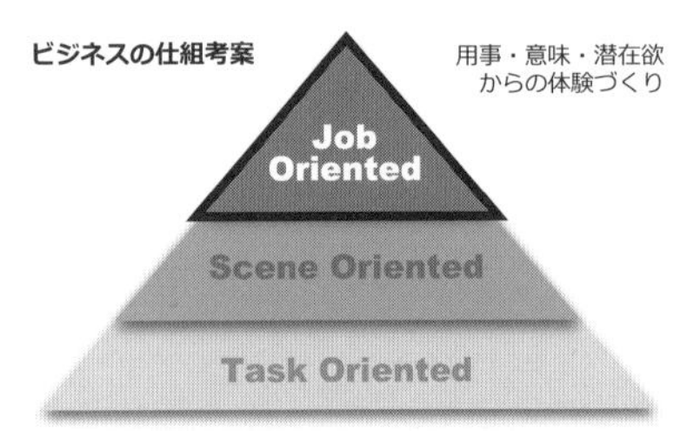

図12-16　ジョブビジョン起点の体験設計

渡邊氏は藤沢市の用田接骨院の院長として柔道整復師の治療を行う傍ら、一般社団法人日本柔道整復接骨医学会、日本スポーツ整復療法学会での論文発表や『足元気療法』（2002年日本健足福祉協会出版）、『元気な足のつくり方』（2004年小学館）、『健康は足から』（2005年ファミリーコンサルタント協会）の出版と、「足からの健康学」NHK Eテレビ放送へ出演などの活動をしています。渡邊氏が1999年にオーストラリアで足病医学の研修を受け、足病医療における下肢のバイオメカニックス研究に基づいて考案したのが足整療法です。その後、2011年足整療法用具の開発と販売をする企業として、株式会社足道を代表者である渡邊幸枝氏と設立しました。十数年に及ぶ研究の成果として、足整療法に使用する独自の施術ツールを開発するに至りましたが、効果が絶大であると分かりつつも、これを㈱足道で販売することは難しく、施術を広めることもビジネスとして成立させることも難しい状況でした。そこで、体験設計を取り入れての革新的な展開を試みたのが、「Footfix」（フットフィクス）の誕生です。

■Footfixによる足整療法のための体験設計

そもそも足整療法とは何かですが、足と歩行が原因となる症状には偏平足、外反母趾、タコまめ、足首痛、膝痛、腰痛、肩こり、悪い姿勢などがあります（図12-17）。これらは軽傷のうちは我慢もできますが、重症となると歩行障害や運動・スポーツ障害となって重くのしかかってくる未病なのです。こうした足からの未病の状態から抜け出すための療法であり、予防するための施術が足整療法です。

一方、柔道整復師や理学療法士を取り巻く社会状況は健康志向と高齢者の増加につれて、これに従事する資格を持つ施術者が増加しています。しかし、こうした施術者の診療は保険適用が少なく、整形外科医へその収入が移行しているため、治療という点では小さなパイを分け合う形となっています。そこで保険適用外での収入の確保が大きな課題となっています。足整療法はそのような環境下で、柔道整復師、理学療法士の足からの未病対策と予防施術を拡大することのできる元気を支えるビジネスとして着目されています。

足整療法では歩行のバイオメカニックスの研究から生まれた足整板を患者の症状や歩行の状況に合わせて、あつらえて作ります。これを㈱足道では、ある程度汎用的な形状で施術できる考え方を研究し、足整板として特許を申請しました。渡邊氏の用田接骨院ではこの足整板を手作りで作成し（図12-18）、10年にわたる臨床での使用で、その効果を実証してきました。

しかし、このオリジナルの足整板を患者に合わせて作成するためには、施術者が自らグラインダーを回して、特殊な発泡剤から削り出すことになるため、足整

図12-17　足や歩行が原因で発症する症状

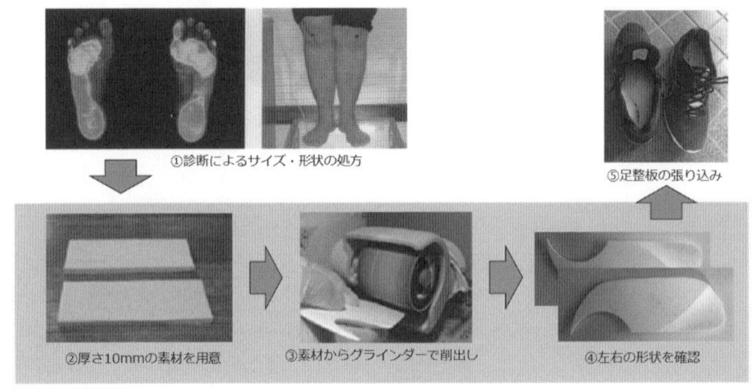

図12-18　足整板の製作過程

療法を取り入れたいと思っているほとんどの施術者がこの製作がうまくできず、治療に取り入れることを躊躇したり、断念したりしていました。このままでは足の未病に困る多くの人を救うことができないということで、㈱足道では体験設計によるビジネス化を試みることとなりました（図12-19〜12-21）。

〈プロジェクト設定〉

テーマ:「足から健康にする」

〈ビジネスの提供方針〉

熟練した加工技術の習得なく、足整療法の施術のできるツールを開発し、多くの施術者に普及させることにより、足と歩行が原因の身体機能障害の未病者を減らす。

〈社会の将来展望〉

- いくつになっても健康に歩ける生活の維持
- 子供や若者の健全な足の発育をサポート
- 未病を減らし、社会保険料増加を抑制する
- ビジネスが成立する足整療法施術者の拡大

〈ユーザーの本質的要求〉

- 歩行や足が原因の患者を直したい
- 新しい療法を会得したい
- 熟練の加工の技がなくても施術したい
- 保険治療以外の収入源が欲しい

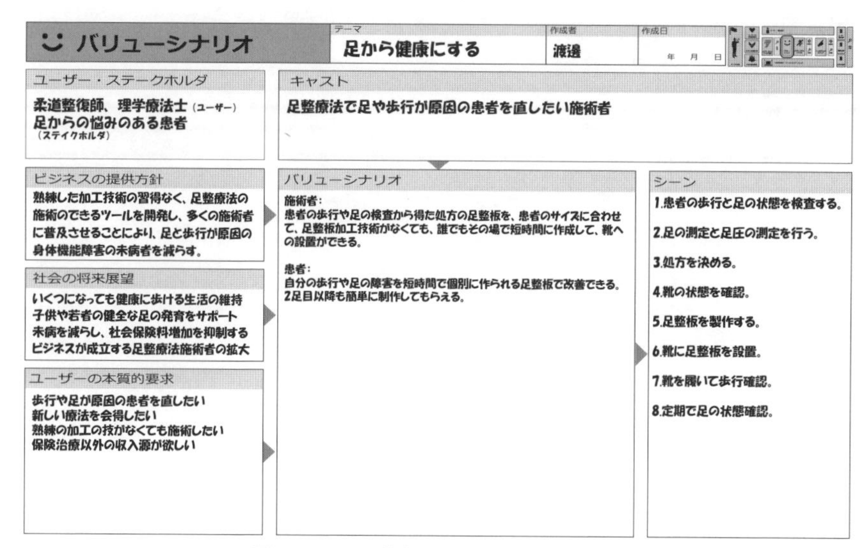

図12-19　足整板のバリューシナリオ

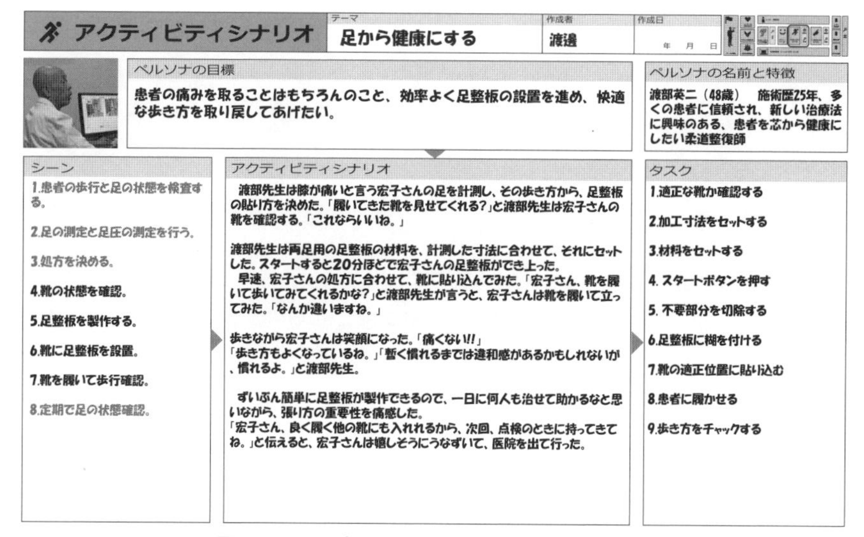

図12-20　足整板のアクティビティシナリオ

構造化シナリオの「仕様へのコメント」に基づき、以下のビジネスモデルの条件が提起されました。

① 施術者の誰もが患者に合わせて足整板を容易に作成できる製作システム

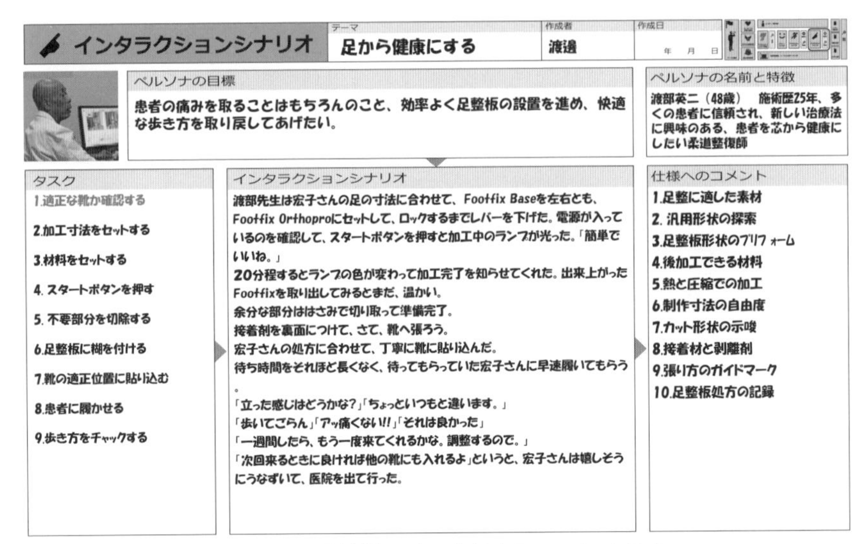

図12-21　足整板のインタラクションシナリオ

② 新たな施術者を育成するために理論と臨床体験のできる教育システム
③ 足整療法を社会実装するためにその役割を啓蒙する非営利の団体活動

① 足整板製作システム

様々な足サイズに対応できる足整板の元となるプレフォームされた「Footfix Base」を開発しました。何度かの試作を行い、最終的にロゴマーク入りの製品としました。次にこれを患者の寸法にセットするだけで加工できるプレス機「Footfix orthopro」を開発しました（図12-22）。Footfix orthoproは熱可塑性の特殊な発泡材料でできているFootfix Baseを20分程度で自動成型するツールです。開発にあたっては既製品の熱源を活用してダーティモックの形で何度も試作し、機能原型から完成させました。この開発にあたっては神奈川県の経営革新事業として認められ、国のものづくり補助金を活用しています。そして、具体的な開発にあたってはCXDSメンバーである小川優機製作所の協力による協創で完成させることができました。

足整療法ツールはこれに留まらず、診察の検査時に使用する「フットスキャナー」と「あしあとカルテ」（足整療法用診察データベース）、さらに裸足での足整効果を追求したテーピングシステム「eTape」へとツールの展開が広がりました

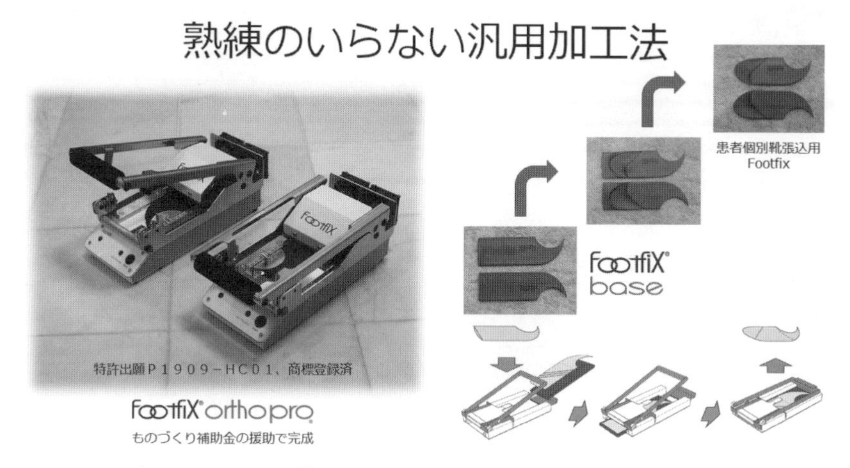

図12-22　Footfix orthopro

(図12-23)。この成形システムを含む足整療法ツールの完成したことで、足整療法の本格的な啓蒙活動と広報活動を始めることができるようになりました。

② 新たな施術者のための教育システム

渡邊氏の研究を支援するメンバーとのコラボレーションによる指導書の執筆が行われ、教科書として、足整療法のその理論と実践を書籍化する活動が進められています。

③ 足整療法を社会実装する団体活動

永年にわたる足整療法の実践に協力してきた施術者、研究者、事業者に支援を仰ぎ、「日本フットヘルス協会」をFootfixシステム完成と同年の2020年に設立し、活動を開始しました。

設立趣旨は「足から健康を捉えた足整療法の理論で未病予防と運動能力・身体機能の低下を改善し健康な生活の向上のために設立されました。」とし、事業内容は「足整療法啓蒙事業」「足整療法研究開発事業」「足からの健康情報交流事業」、そして「足整療法士認定事業」です。中でもこの認定事業は足整療法の技術の実践を推進する実施者・指導者の健全な育成を支援することを目的として、施術者のための教育システムを活用して、より広範で実質的な体験の社会実装を行う活動として定着させようとしています。

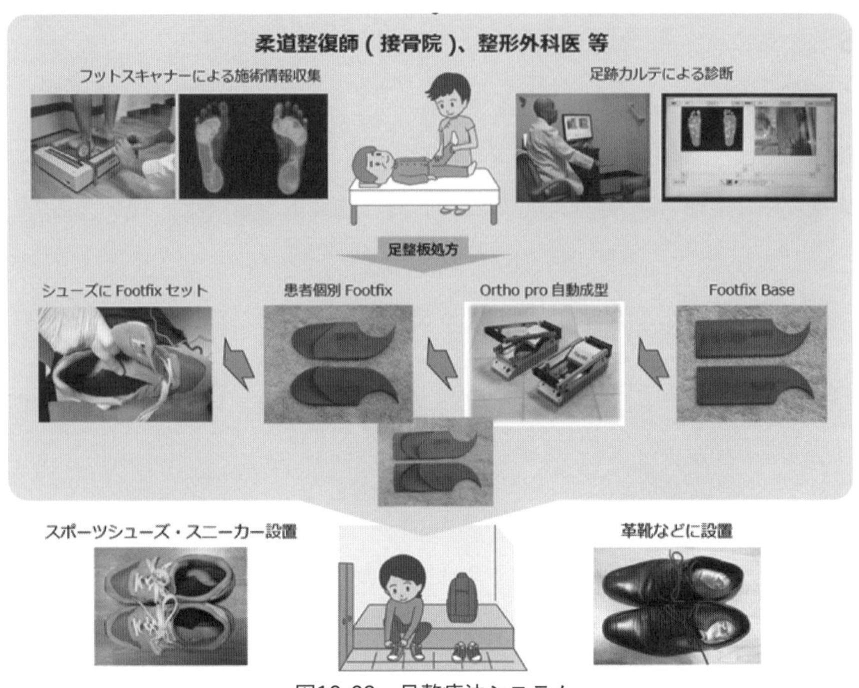

図12-23　足整療法システム

12-4　事例紹介について

これら3つの事例から言えることは、体験設計によって生まれた素晴らしいアイデアや技術があり、これを製品・システム・サービスとして構築しようとするとき、最終的には体験実装を根気よく、信念を持って進めることがいかに大切かということが分かります。

ここで紹介した事例はモノづくりを中心としたシステムやサービスの展開事例でしたが、アプリケーションソフトウェアやWebサービスなどの事例も多くありますし、観光・飲食や行政に関わるサービスの事例も多々あります。執筆にあたっては公開の可否と紙面の都合上から以上3レベル3事例の紹介となりました。公開にご協力いただきました各社、並びに体験設計支援コンソーシアムの皆様に御礼申し上げます。

おわりに

明治以降、特に第二次世界大戦後の日本は経済主義に偏りすぎていました。経済主義の流れに乗っていくために競争のための知識詰込み中心の教育環境となっていると思われます。戦後の日本史は戦争で失われた時間を高度成長によって取り戻すべく、必死で人を育み、事を興し、物を造ってきました。しかし、パンデミックを機会に、ニューノーマルな時代では、その高度成長時代に失われた大切なことを知ることになります。それはこれからの未来を創り出そうとする人のために、いま求められているのは過去や環境といった「そと」を踏まえて、未来の「ひと」「こと」「もの」を考える姿勢だと思います。

すべての人の普段の体験を設計することは原型としての未来を創ることになります。そして、この日本の考え方である体験設計を世界に広め、この国だけでなく、世界の国や民族の文化に適応した体験を設計することが素晴らしい未来へとつながるのではないでしょうか。体験設計がすべての業界・業種にまで広まるためには、まだ多くの時間と努力が必要だと感じています。様々な分野がソサエティ5.0へと展開し始める中、手段に溺れることなく、しっかりとした意味や目的を持つために体験設計を貢献させたいと思っています。

本書の中で提唱した優合主義（Interfitism）については、まだ考察半ばの考え方です。これからより深い思考と議論が必要であると感じています。これからは優合についても意見交換と実践の中でのより深い議論をしていきたいと思います。

なお、本書ではオリジナルの英熟語キーワードを使用していますが、これは体験設計の考え方を広く正確に伝えたいために、意図的に使っています。これについてはいろいろとご意見はあると思いますので、素直にお受けします。

また、体験設計については本書で終わることなく、今後はワークショップや実践の場で手元に置いて活用できる実践書としてのハンドブックの必要性を感じています。これについても準備を始めています。

今回の執筆にあたっては、『エクスペリエンス・ビジョン』以来の日本人間工学会アーゴデザイン部会の皆様の協力と特にフューチャーエクスペリエンスワーキングのメンバーの協力に感謝いたします。

　また、一般社団法人体験設計支援コンソーシアムの理事である渡邊、早川、小関、星の各氏、監事の門田氏、事務局高原氏をはじめ会員の皆様の協力に感謝いたします。
　そして、この本の出版に当たってご尽力いただいた丸善出版小西部長に御礼申し上げます。
　最後に私の活動母体である㈱ホロンクリエイト、ホロンズ㈱のメンバーの支援に御礼致します。

未来の素晴らしい経験=ひと・もの・こと・そとが優合する体験設計、
すなわち、**Interfit Experience Design**から生まれます。

参考文献

1)『IoTとは何か 技術革新から社会革新へ』坂村健（角川新書、2016）。
2)『IoTビジネスモデル革命』小林経倫（朝日新聞出版、2015）。
3)『IoTビジネス入門&実践講座』萩原裕、白井和康（ソシム、2016）。
4)『明日を支配するもの』P・F・ドラッカー 著、上田惇生 訳（ダイヤモンド社、1999）。
5)『アフターデジタル - オフラインのない時代に生き残る』藤井保文、尾原和啓（日経BP社、2019）。
6)『アルゴリズム　フェアネス』尾原和啓（KADOKAWA、2020）。
7)『アントロポセンと人類の未来（別冊日経サイエンス231）』日経サイエンス編集部（日経サイエンス、2019）。
8)『生きのびるためのデザイン』ビクター・パパネック 著、阿部公正 訳（晶文社、1974）。
9)『イノベーションのジレンマ』クレイトン・M・クリステンセン 著、玉田俊平太 監修、伊豆原弓 訳（翔泳社、2001）。
10)『イノベーションを実現するデザイン戦略の教科書』鈴木公明（秀和システム、2013）。
11)『イノベーションの理由』武石彰、青島矢一、軽部大（有斐閣、2012）。
12)『宇沢弘文著作集』宇沢弘文（岩波書店、1995）。
13)『宇宙、肉体、悪魔』J・D・バナール 著、鎮目恭夫 訳（みすず書房、2020）。
14)『エクスペリエンス・ビジョン』山崎和彦、上田義弘、髙橋克実ほか（丸善出版、2012）。
15)『「感性」のマーケティング 心と行動を読み解き、顧客をつかむ』小坂裕司（PHP研究所、2006）。
16)『競争の戦略』M.E.ポーター 著、土岐坤、服部照夫、中辻万治 訳（ダイヤモンド社、1982）。
17)『クリエイティブ・マインドセット』トム・ケリー、デイヴッド・ケリー（日経BP社、2014）。
18)『経験価値マーケティング』バーンド・H・シュミット 著、嶋村和恵、広瀬盛一 訳（ダイヤモンド社、2000）。
19)『経験経済』B・J・パインII、J・H・ギルモア 著、岡本慶一、小高尚子 訳（ダイヤモンド社、2005）。
20)『経済学の考え方』宇沢弘文（岩波新書、1989）。
21)『ゲーミフィケーション —<ゲーム>がビジネスを変える』井上明人（NHK出版、2012）。
22)『構想力方法論』紺野登、野中郁次郎（日経BP社、2018）。
23)『人を動かすマーケティングの新戦略行動デザインの教科書』博報堂行動デザイン研究所、國田圭作（すばる舎、2016）。
24)『サービスデザインの教科書:共創するビジネスのつくりかた』武山政直（NTT出版、2017）。
25)『姿勢としてのデザイン』アリス・ローソーン 著、石原薫 訳（フィルムアート社、2019）。
26)『実践グループインタビュー入門』梅澤伸嘉（ダイヤモンド社、1993）。
27)『シナリオに基づく設計』ジョン・M・キャロル 著、郷健太郎 訳（共立出版、2003）。
28)『社会的共通資本』宇沢弘文（岩波新書、2000）。
29)『消費者ニーズハンドブック』梅澤伸嘉（同文舘出版、2013）。
30)『情報デザインのワークショップ』情報デザインフォーラム（丸善出版、2014）。
31)『(抄訳) マネージメント』P・F・ドラッカー 著、上田惇生 訳（ダイヤモンド社、1980）。
32)『ジョブ理論』クレイトン・M・クリステンセンほか 著、依田光江 訳（ハーパーコリンズジャパン、2017）。
33)『世界観をつくる「感性×知性」の仕事術』山口周、水野学（朝日新聞出版、2020）。
34)『世界で最もイノベーティブな組織の作り方』山口周（光文社新書、2013）。
35)『世界のエリートはなぜ「美意識」を鍛えるのか？——経営における「アート」と「サイエンス」』山口周（光文社新書、2017）。
36)『戦略実行力』青嶋稔（中央経済社、2019）。
37)『ソーシャルイノベーションデザイン』紺野登（日本経済新聞社、2007）。
38)『第三の波』アルビン・トフラー 著、徳山二郎、鈴木健次、桜井元雄 訳（日本放送協会出版、1980）。
39)『大量廃棄社会』仲村和代、藤田さつき（光文社新書、2019）。
40)『直感と論理をつなぐ思考法 VISION DRIVEN』佐宗邦威（ダイヤモンド社、2019）。
41)『DX時代のサービスデザイン』廣田章光、布施匡章 編著（丸善出版、2021）。
42)『デザイン思考が世界を変える』ティム・ブラウン 著、千葉敏生 訳（早川書房、2014）。
43)『デザイン・ドリブン・イノベーション』ロベルト・ベルガンディ 著、立命館大学DML 訳（クロスメディアパブリッシング、2016）。
44)『デザインと感性』井上勝雄（編）、髙橋克実ほか（海文堂出版、2005）。
45)『デザインの次に来るもの これからの商品は「意味」を考える』安西洋之、八重樫文（クロスメディア・パブリッシング、2017)。
46)『デザインブレイン・マッピング』手塚明、大場智博、山村真一 著、構想設計コンソーシアム（丸善出版、2019)。
47)『デザインマーケティングの教科書』井上勝雄（海文堂出版、2019)。
48)『デザインマネジメント原論――デザイン経営のための実践ハンドブック』デイビッド・ハンズ 著、篠原稔和（東京電機大学出版、2019)。
49)『統計学が最強の学問である』西内啓（ダイヤモンド社、2013)。
50)『突破するデザイン』ロベルト・ベルガンディ 著、安西洋之、八重樫文（日経BP社、2017)。
51)『ニュータイプの時代 新時代を生き抜く24の思考・行動様式』山口周（ダイヤモンド社、2019)。
52)『正解のない難問を解決に導く バックキャスト思考 21世紀型ビジネスに不可欠な発想法』石田秀輝、古川柳蔵（ワニブックス、2018)。
53)『発想する会社！』トム・ケリー、ジョナサン・リットマン 著、鈴木主税、秀岡尚子（早川書房、2002)。
54)『ビジネスモデル・ジェネレーション　ビジネスモデル設計書』アレックス・オスターワルダー、イヴ・ピニュール 著、小山龍介（翔泳社、2012)。
55)『人新世の「資本論」』斎藤幸平（集英社新書、2020)。
56)『ファクトフルネス』ハンス・ロリング 著、上杉周作、関美和 訳（日経BP社、2019)。
57)『不確実性の時代』ジョン・K・ガルブレイス 著、斎藤精一郎（講談社、2009)。
58)『FREE』クリス・アンダーソン 著、小林弘人 監修、高橋則明 翻訳（NHK出版、2010)。
59)『文化資本の経営』福原義春（ダイヤモンド社、1999)。
60)『法のデザイン―創造性とイノベーションは法によって加速する』水野祐（フィルムアート社、2017)。
61)『ホロン革命』アーサー・ケストラー 著、田中三彦、吉岡佳子 訳（工作舎、1983)。
62)『マーケティング・マネージメント』フィリップ・コトラー 著、井波和雄、竹内一樹、中村元一ほか 訳（鹿島出版会、1971)。
63)『未来洞察のための思考法』鷲田祐一（勁草書房、2016)。
64)『未来の年表 人口減少日本でこれから起きること』河合雅司（講談社、2017)。
65)『メガトレンド』ジョン・ネイスビッツ 著、竹村健一 訳（三笠書房、1983)。
66)『モノづくりの創造性――持続可能なコンパクト社会の実現に向けて』野口尚孝、井上勝雄（海文堂出版、2014)。
67)『問題解決に効く「行為のデザイン」思考法』村田智明（CCCメディアハウス、2015)。
68)『UXデザインの教科書』安藤昌也（丸善出版、2016)。
69)『UXデザインをはじめる本』玉飼真一、村上竜介、佐藤哲ほか（翔泳社、2016)。
70)『ユーザエクスペリエンスのためのストーリーテリング』Whitney Quesenbery、Kevin Brooks 著、UX TOKYO 訳（丸善出版、2011)。
71)『ユニバーサル実践ガイドライン』日本人間工学会（共立出版、2003)。

索　引

髙橋克実（たかはし・かつみ）
株式会社ホロンクリエイト代表取締役、ホロンズ株式会社代表取締役
千葉大学工学部工業意匠学科卒。株式会社 GK および株式会社デザインアネックス副社長を経て 1994 年より現職。法政大学非常勤講師、芝浦工業大学非常勤講師。一般社団法人体験設計支援コンソーシアム代表理事
一般社団法人日本人間工学会アーゴデザイン部会部会長
公益社団法人かながわデザイン機構理事

体験設計
——ビジョンから優れた経験価値の創出へ

令和 4 年 1 月 30 日　発　行

著作者　髙　橋　克　実

発行者　池　田　和　博

発行所　丸善出版株式会社
〒101-0051 東京都千代田区神田神保町二丁目17番
編集：電話(03)3512-3266／FAX(03)3512-3272
営業：電話(03)3512-3256／FAX(03)3512-3270
https://www.maruzen-publishing.co.jp

組版・株式会社明昌堂
印刷・株式会社日本制作センター／製本・株式会社星共社

ISBN 978-4-621-30693-2　C 2050

Printed in Japan